图文中华美学

吃茶养生记

Chi Cha Yang Sheng Ji

【日】荣西禅师◎著
施袁喜◎译注

人民东方出版传媒
People's Oriental Publishing & Media
東方出版社
The Oriental Press

图书在版编目（CIP）数据

吃茶养生记 / (日) 荣西禅师　著 ; 施袁喜　译注 . — 北京 : 东方出版社 ,2023.11
ISBN 978-7-5207-3089-1

Ⅰ . ①吃… Ⅱ . ①荣… ②施… Ⅲ . ①茶文化 Ⅳ . ① TS971.21

中国国家版本馆 CIP 数据核字 (2023) 第 105213 号

吃茶养生记
（CHICHA YANGSHENG JI）

作　　者： [日] 荣西禅师
译　　注： 施袁喜
责任编辑： 王夕月
出　　版： 东方出版社
发　　行： 人民东方出版传媒有限公司
地　　址： 北京市东城区朝阳门内大街 166 号
邮　　编： 100010
印　　刷： 天津旭丰源印刷有限公司
版　　次： 2023 年 11 月第 1 版
印　　次： 2023 年 11 月第 1 次印刷
开　　本： 650 毫米 × 920 毫米 1/16
印　　张： 18
字　　数： 200 千字
书　　号： ISBN 978-7-5207-3089-1
定　　价： 88.00 元
发行电话：（010）85924663 85924644 85924641

总序

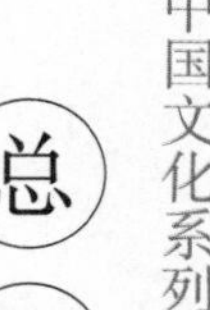

中国文化是一个大故事，是中国历史上的大故事，是人类文化史上的大故事。

谁要是从宏观上讲这个大故事，他会讲解中国文化的源远流长，讲解它的古老性和长度；他会讲解中国文化的不断再生性和高度创造性，讲解它的高度和深度；他更会讲解中国文化的多元性和包容性，讲解它的宽度和丰富性。

讲解中国文化大故事的方式，多种多样，有中国文化通史，也有分门别类的中国文化史。这一类的书很多，想必大家都看到过。

现在呈现给读者的这一大套书，叫作“图文中国文化系列丛书”。这套书的最大特点，是有文有图，图文并茂；既精心用优美的文字讲中国文化，又慧眼用精美图像、图画直观中国文化。两者相得益彰，相映生辉。静心阅览这套书，既是读书，又是欣赏绘画。欣赏来自海内外二百余家图书馆、博物馆和艺术馆的图像和图画。

“图文中国文化系列丛书”广泛涵盖了历史上中国文化的各个方面，共有十六个系列：图文古人生活、图文中华美学、图文古人游记、图文中华史学、图文古代名人、图文诸子百家、图文中国哲学、图文传统智慧、图文国学启蒙、图文古代兵书、图文中华医道、图文中华养生、图文古典小说、图文古典诗赋、图文笔记小品、图文评书传奇，全景式地展示中国文化之意境，中国文化之真境，中国文化之善境，中国文化之美境。

这是一套中国文化的大书，又是一套人人可以轻松阅读的经典。

期待爱好中国文化的读者，能从这套“图文中国文化系列丛书”中获得丰富的知识、深层的智慧和审美的愉悦。

王中江

2023 年 7 月 10 日

前言：吃茶治未病

“茶者，末代养生之仙药也，人伦延龄之妙术也。山谷生之，其地神灵也。人伦采之，其人长命也。……贵哉茶乎，上通诸天境界，下资人伦。诸药各治一病，唯茶能治万病而已……”南宋乾道四年（1168年）、淳熙十四年（1187年）两次到中国学佛的荣西，带回了茶种、临济宗禅修法和茶桑疗法，1215年以古汉语写成的《吃茶养生记》，成为继中国唐代陆羽《茶经》之后世界上的第二部茶书，他也因此被称为“日本茶祖”。

荣西（1141—1215年），俗姓贺阳，字明庵，号叶上房，封号法印大和尚，又号千光，日本临济宗初祖，建仁寺开山祖师，出生于日本备中（今冈山）吉备津一神官家庭，自幼学习佛法，造诣深厚，曾两次入宋，习得中国茶法与禅法传扬日本，著有《出家大纲》《兴禅护国论》《斋戒劝进文》《日本佛法中兴愿文》等著述，以高僧之名在日本广为人知。

本版“吃茶”之“吃”，即“喫”。《说文·口部》：“喫，食也。从口，契声。”本义为吃食，即将食物咀嚼后咽下。简化汉字后，“吃”与“喫”合并，规范为“吃”字，“喫”成为了古字，不再通用，不表。从唐代陆羽所著《茶经》“茶之为饮，发乎神农氏，闻于鲁周公……”

追溯远古，茶最初作为食材、药材而被中国先民们利用，所谓“药食同源”。食物即药物，不管在不在“药食同源目录”中，连茶叶带汤汁一并咀嚼咽下的“喫茶”，是关于茶的最早的表述。“饮”“品”“啜”等都是后来的说法。诚如中国人民大学茶道哲学研究所所长李萍教授言，及至宋代，唐代一度代之以“饮茶”的“喫茶”并未绝迹，且在佛道门中通用。宋代高僧圆悟克勤（1063—1135年）在《碧岩录》中多次提到“喫茶”——第九则“遇茶喫茶”、第三十八则“且坐喫茶”、第九十五则“喫茶去”等；同样成书于宋代的《五灯会元》卷四记载了赵州从谂禅师的著名禅门公案“喫茶去”……南宋时两度到中国学禅门佛法的“入唐律师”荣西著《吃茶养生记》，而非“饮茶养生记”，也就顺理成章。

日本江户时代（1603—1867年）平安竹苞楼藏《吃茶养生记》与《初治本吃茶养生记》传抄各异，全书由序、卷上、卷下和跋四部分构成：序为总论；卷上“五脏和合门”，从五行（木火土金水）和方位（东南西北中）相应角度谈吃茶对人（特别是人的心脏）的益处，“用秘密真言治病”将西方五佛与人体五脏（肝心肺肾脾）对应，以禅修与密宗养生，“五味”（酸辛甘苦咸）调理五脏，卷上兼及明茶名字、明茶形容、明茶功能、明采茶时、明采茶样、明采调样，以六条记载茶的名称、茶树形状、茶的功能、采茶时节、采茶要求、茶叶炒制；卷下“遣除鬼魅门”，以密宗止观法门治乱世疫病，以桑法有效治疗五种寒气杂热侵袭引致的常见病、流行病——饮水病、中风手足不从心病、不食病、疮病、脚气病，兼及中国医学口传秘诀中“桑枝菩提”的妙用，以桑粥法、桑煎法、服桑木法、含桑木法、桑木枕法、服桑叶法、服桑葚法、服高良姜法、吃茶法、服五香煎法，是为“末世养生之法”；跋为后记，作者不明，强调吃茶“养生”的主题。

《吃茶养生记》为什么将“喝茶”称为“吃茶”？一是因为饮茶、吃茶、喝茶是各地与各时期人们对汁茶饮用的不同称呼，现在南方人仍沿用“吃茶”；二是因为明代以前中国人的饮茶主流是将茶叶碾成粉末饮用，将茶汤连带茶末一起吃下，因而古代多称“吃茶”。日本延续荣西禅师 1191 年从中国带回的习惯，吃的是末茶（日本称为“抹茶”）：将青的茶，经过蒸，磨成粉，倒在碗里，用水和了，像薄粥一样，捧起喝下。无论说法如何流变，吃茶的本质还是吃茶，这是中国人对茶的初心，始终如一，一往情深。

转至日本，镰仓时代（1185—1333 年），寺院茶蔚然成风，1215 年荣西献二月茶和《吃茶养生记》予幕府将军源实朝，治好了酒后心脏不适的将军，“茶桑法”治病得以从秘密流传到广布人间。1215 年编辑刊印的《吃茶养生记》侧重茶的功效与功用，所在意者，是茶可以治疗疾病、养生延年，尤其是茶性苦，可以治疗当时流行日本、久治不愈甚至不得其法而治的心脏病。

一种形象的说法是“病来如山倒”，“倒”了只能“治”，治疗不好只能死……反推之，保命养生，须在病不来时施治，是为“治未病”。

深信“茶能治万病”的日本僧人荣西，如果“穿越”到我们所处的时代，大抵能修正科学饮茶的食疗功用为“茶能治未病”。

吃茶治未病，是华夏茶统，更是中医妙道。《吃茶养生记》最初被称作《茶桑经》，被视为日本三大古医书之一，荣西也被供为日本医祖。在我述评的“茶书三则”（包括本书与唐代陆羽《茶经》、明代朱权《茶谱》）中，动过本书沿旧名作《茶桑经》并附宋代徽宗赵佶《茶论》、蔡襄《茶录》的心思，终觉不妥，原封如旧。从“吃茶治病”到“吃茶治未病”，实拜现代医学进步、医疗条件改善和医学资讯昌明。

也有人说，吃茶治不了甚病，吃茶是无用的。依佛家言，何须如此计较，生命本身不就是“无用之用”，是为“大用”吗！

吃茶如写诗，是一种对不确定性的极致追求，“一期一会”的茶会与不可重复的诗篇，都是对生命存在的瞬间把握。又有什么是可以真正拥有的呢？这就深至感叹，只能超越，不可追问了。

吃茶，是一种积极的生活态度，一种健康的生活方式。或者于清晨，或者在午后，抑或黄昏，也许深夜，无论何时何地，静得一刻心，吃得一盏茶，便享人间清福。

幸甚至哉！何乐不为？

大喜奉上

癸卯年春，云南

目录

序

卷上

卷下

序言

原书题有“建仁【建仁寺，日本临济宗建仁寺派的大本山，位于京都市，是京都五山之一。建仁二年（1202 年），由荣西禅师在幕府的支持下创建】千光祖师（“千光”是荣西的号）述，平安竹苞楼（日本的书店名）藏”。

“入宋求法前权僧正（荣西当时所任的职位。僧官的最高级别为僧正，其中大僧正最高，其次是僧正，第三是权僧正）法印大和尚位荣西录。”

荣西禅师在序中指出，茶叶生长在山谷之中，天然具备“仙药”的特质，人们饮用它就能延年益寿。从人体本身来说，心脏是五脏六腑的统帅，心脏健康了，其他脏腑就能和谐运转，而保养心脏的最好方法就是饮茶。日本当时没有医术高超的人，诸多疾病没办法诊治，所以只能仿照中国的做法，用吃茶和“仙术”两种法门拯救众生。

传说，茶是神农氏发现的。唐代陆羽的《茶经》说“茶之为饮，发乎神农氏。”据后世学者考证，茶叶即便不是神农氏本人发现，也应是来自炎帝部落的其他人或后人所发现。它最初被当作药用，是一种高大的野生茶树的叶子。唐代，饮茶之风风行城市乡野，大规模的茶馆相继出现。《封氏闻见记》记载：“自邹、齐、沧、隶，渐至京邑城市，多开店铺，煮茶卖之，不问道俗，投钱取饮。”北宋时，茶馆的发展进入了一个新的时期，茶肆和酒肆一样遍布乡野城郭，呈现出一派繁荣的景象。在北宋画家张择端所作的《清明上河图》中，汴河两岸热闹拥挤的街市上立有无数的酒楼和茶馆。南宋茶馆的经营品种还不时按季节变化调整，如冬天卖宝擂茶、葱茶等，夏天则卖雪泡梅花茶等。此时，正是荣西禅师来到中国的时期。

荣西，俗姓贺阳，字明庵，号叶上房，备中（今冈山）吉备津人。日本镰仓时代前期僧人。荣西自幼聪敏超群，八岁随父亲读佛经；十四岁登比睿山出家受具足戒；十七岁时，静心上人入灭，即依师遗言，追随师兄千命法师禀受虚空藏法。

《清明上河图》（局部）

（北宋）张择端 收藏于故宫博物院

全画分为两部分，一部分是农村，一部分是市集。从市集部分可以看到当时茶馆繁荣的情景。

1168年（南宋乾道四年，日本仁安三年）四月，二十七岁的荣西乘商船由博多出发，抵达中国明州（今浙江宁波）。当时的南宋，茶已成为文人雅士必不可少的依托，甚至超过了唐人的美酒。宋代文人雅士中还流行一种“分茶”游戏。所谓“分茶”，又称“茶戏”“汤戏”“水丹青”等。在煮茶时，等到茶汤上浮细沫如乳，就用箸或匙搅动，使茶汤波纹变幻出各种各样的形状。传说当时有个福全和尚，就有这种通神之艺，他在煮茶时，于汤面上幻出丰富多变的物象，成一句诗，并点四盏，就是一首绝句

千光祖师真影

选自《千光祖师塔铭拾遗钞》［日］佚名

荣西，日本镰仓时代佛教徒，字明庵，封号法印大和尚，又号千光，日本临济宗创始人，建仁寺开山住持，两次入宋学习中国的禅修法与茶法。

炎帝神农氏像

选自《帝王道统万年图》册　（明）仇英　收藏于中国台北「故宫博物院」

炎帝又称赤帝、烈山氏，名石年，相传他牛头人身，是以牛为图腾的氏族首领。关于炎帝和神农的关系，有一种说法认为，第一世炎帝叫神农，他的时代比黄帝的时代早几百年，而和黄帝同一时代的炎帝是第八世炎帝，叫榆罔。后人尊称神农为「药王」「五谷王」「五谷先帝」「神农大帝」等。传说神农氏样貌奇特，身体除四肢和头部外都是透明的，内脏清晰可见。神农氏尝尽百草，若药草有毒，服下后内脏就会呈黑色，以此判断药草对人体哪一个部位有影响。

了。荣西回国时，将中国茶籽带回日本，首先在筑前（今日本福冈）的背振山上进行试种，发现那里非常适合茶树生长，所制的岩上茶闻名日本。1207 年（南宋开禧三年，日本建永二年），栂尾的明惠上人高辨向荣西问禅，荣西请他喝茶，并告之饮茶有遣困、消食、快心、提神、舒气之功，赠给他茶种。高辨在栂尾山种植茶树，出产珍贵的本茶，栂尾成为日本著名的产茶地，后世有名的产茶地如宇治等地的茶种大多是从栂尾移植过去的。

1187 年（南宋淳熙十四年，日本文治三年），荣西再度入宋，时年四十六岁，希望经由中国转赴印度。他于四月由日本渡海出发，到达临安（今浙江杭州），参见知府，表奏拟赴印度之意，知府以“关塞不通”回绝，荣西转往赤城天台山，与临济宗黄龙派第八代嫡孙怀敞禅师学禅。不久，虚庵怀敞住持天童，荣西跟随到天童寺侍奉左右，承其法脉。虚庵被他二度入宋求法的虔诚所感动，曾有诗偈相赠：“海外精兰特特来，青山迎我笑颜开。三生未丰梅花骨，石上寻思扫绿苔。”荣西跟随虚庵怀敞禅师学佛五年，终得认可，继承临济宗禅法。

荣西归返日本，当时的户部侍郎清贯正在建造寺院，延请荣西驻锡教化并颁行禅规。第二年，荣西于筑前建造报恩寺，行菩萨大戒布萨，为日本最早的禅戒布萨。后续三年，荣西以肥前、筑前、筑后、萨摩、长门及九州为中心，展开布教活动，全力倡扬禅法，亦开创寺院、制定禅

茶具图

茶具，亦称茶器或茗器，泛指制茶、饮茶使用的器具。古代茶具不单指茶壶、茶杯，而是指所有茶事活动中必备的器具，包括制茶、贮茶、饮茶等工具。除了茶釜、茶入（插花瓶）和茶碗外，还有挂轴、花入、香盒、风炉、炭斗、火箸、釜垫、灰器（盛灰）等物，还有点茶所用薄茶盒、茶勺、茶刷、清水罐、水注（带嘴儿的水壶）、水勺、水勺筒、釜盖承、污水罐、茶巾、绢巾、茶具架等，林林总总数十种，涉及陶器、漆器、瓷器、竹器、木器、金属器皿。

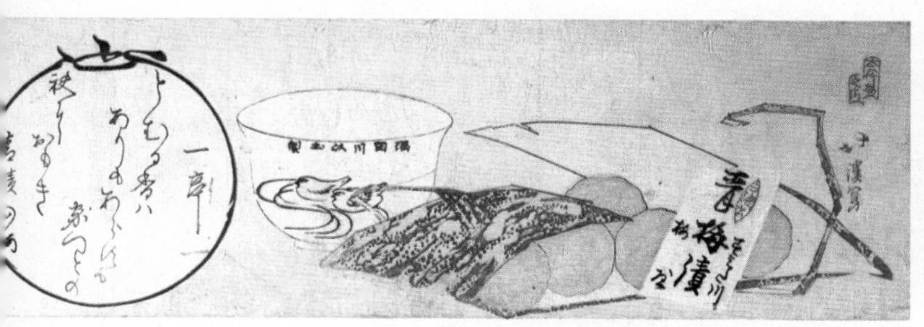

茶杯

［日］柳柳居辰斋

8.9厘米 × 27.9厘米

茶具

［日］古波顺曼　收藏于美国纽约大都会艺术博物馆

13.8厘米 × 18.4厘米

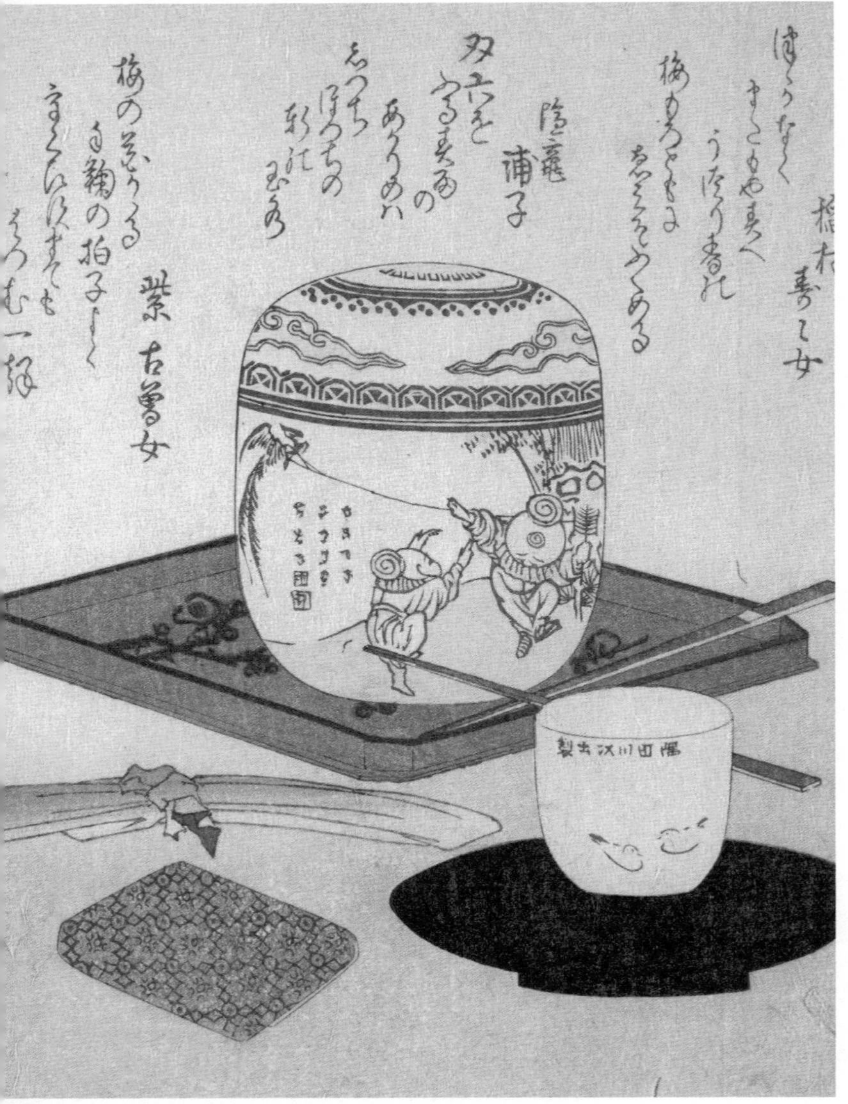

茶事

［日］东藤浩子　收藏于美国纽约大都会艺术博物馆

19.7厘米 × 16.7厘米

规、撰述经论等，渐受教界瞩目。1199 年（南宋庆元五年，日本正治元年），荣西转赴镰仓晋谒幕府将军源实朝，得到信任。次年奉献土地建寺，即后来的寿福寺，为镰仓五山之一。由于得到幕府的支持，禅法在关东弘传开来。

1202 年（南宋嘉泰二年，日本建仁二年），征夷大将军源赖家于京都创建仁寺，授命荣西为开山祖师。翌年六月，荣西设置台、密、禅三宗兼学的道场，创立真言院和止观院，融合此三宗而形成日本的临济宗，一时人才荟萃，声誉日隆，震动朝野，荣西禅师也因此被尊称为“日本临济宗初祖”。受南宋茶风的熏陶，荣西在研究佛教经典之余，开始埋头于茶的研究，决心重振日本茶道。他翻阅了大量的茶书经典，寻访各地饮茶风俗，并结合佛学经典，将禅宗道义融入茶道。

1215 年（南宋嘉定八年），荣西完成《吃茶养生记》一书，并献上二月茶，治愈了幕府将军源实朝的热病。自此，日本茶风更为盛行。

当年夏天，荣西身体出现微疾，某日午后，安详迁化，世寿七十四岁。

茶罐

［日］柳柳居辰斋 收藏于美国纽约大都会艺术博物馆

20.5 厘米 × 18.1 厘米

茶具和糕点碗

[日]菊川爱赞　收藏于美国纽约
大都会艺术博物馆

14.3厘米 × 18.9厘米

茶釜碗

[日]柳柳居辰斋　收藏于美国纽约大都会艺术博物馆

13.2 厘米 × 18.1 厘米

壶

[日]古波顺曼　收藏于美国纽约大都会艺术博物馆

21 厘米 × 18.4 厘米

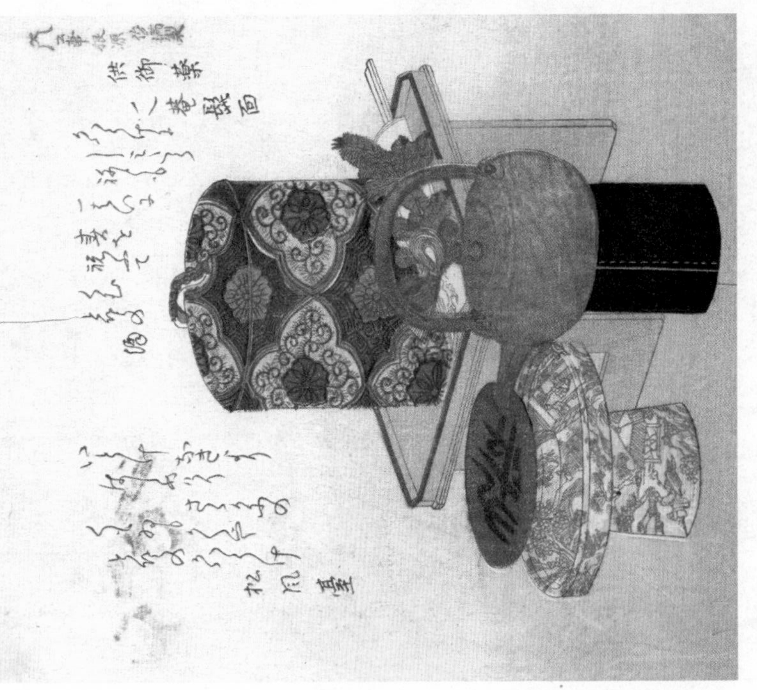

过新年

[日]柳柳居辰斋　收藏于美国纽约大都会艺术博物馆

14.9 厘米 × 19.1 厘米

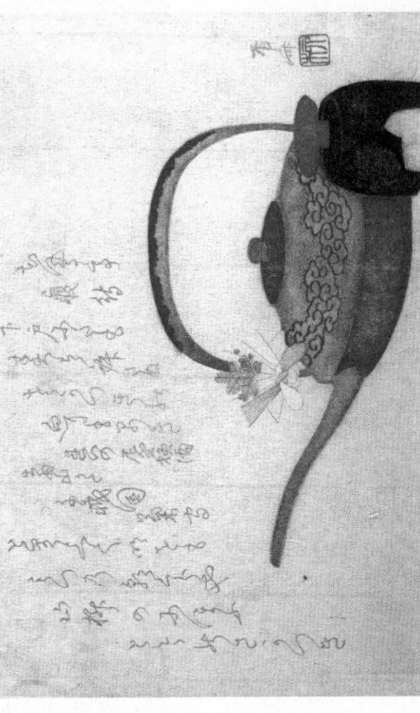

新年用具

[日]柳柳居辰斋 收藏于美国纽约大都会艺术博物馆

19.5厘米 × 16.7厘米

茶具

[日]柳柳居辰斋　收藏于美国纽约大都会艺术博物馆

21.9厘米 × 28.6厘米

漆器
[日]柳柳居辰斋 收藏于美国
纽约大都会艺术博物馆
14.3厘米 × 18.9厘米

火炉和茶具

[日]柳柳居辰斋 收藏于美国纽约大都会艺术博物馆

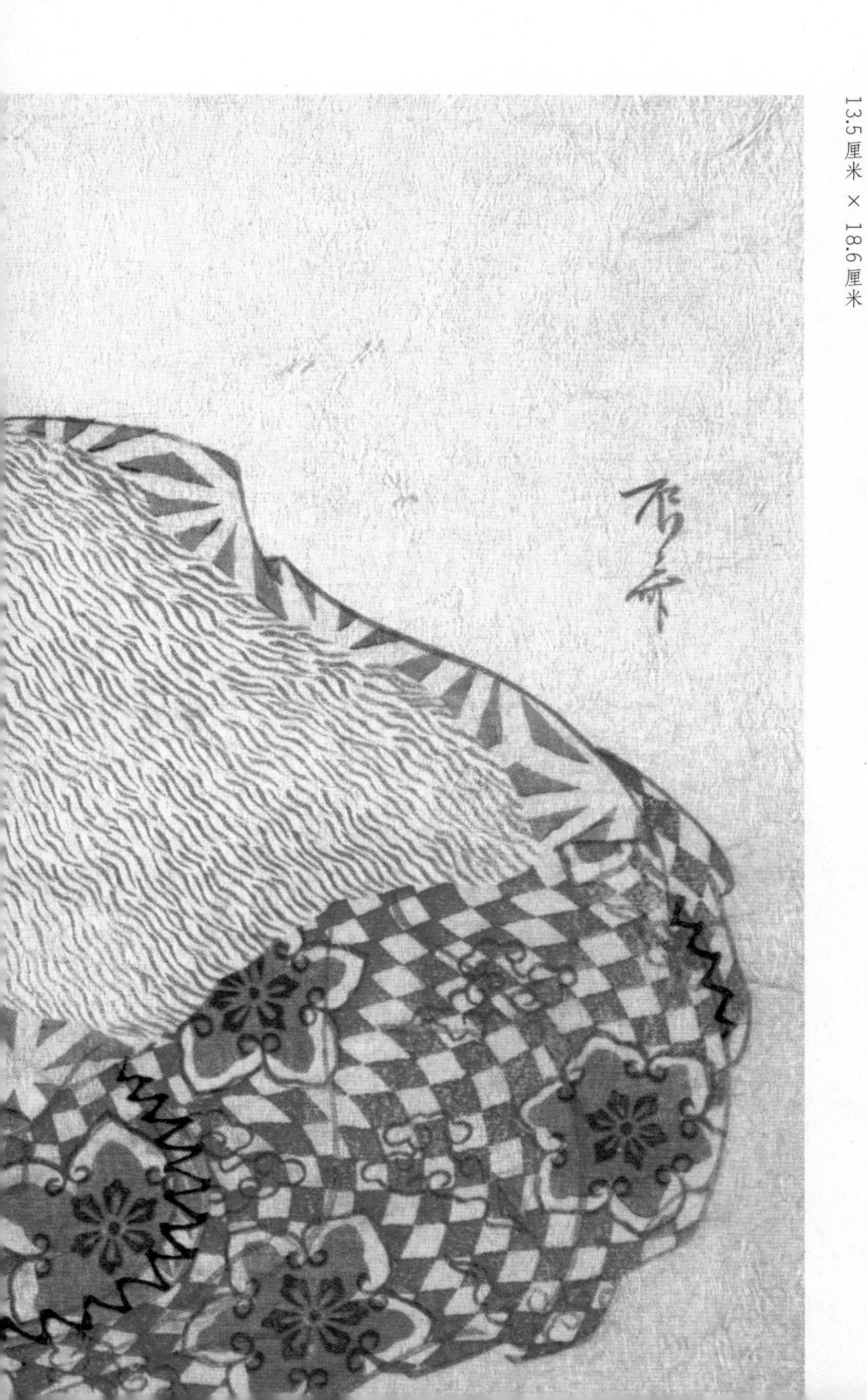

14厘米 × 19.2厘米

黑色的壶

［日］柳柳居辰斋　收藏于美国纽约大都会艺术博物馆

13.5厘米 × 18.6厘米

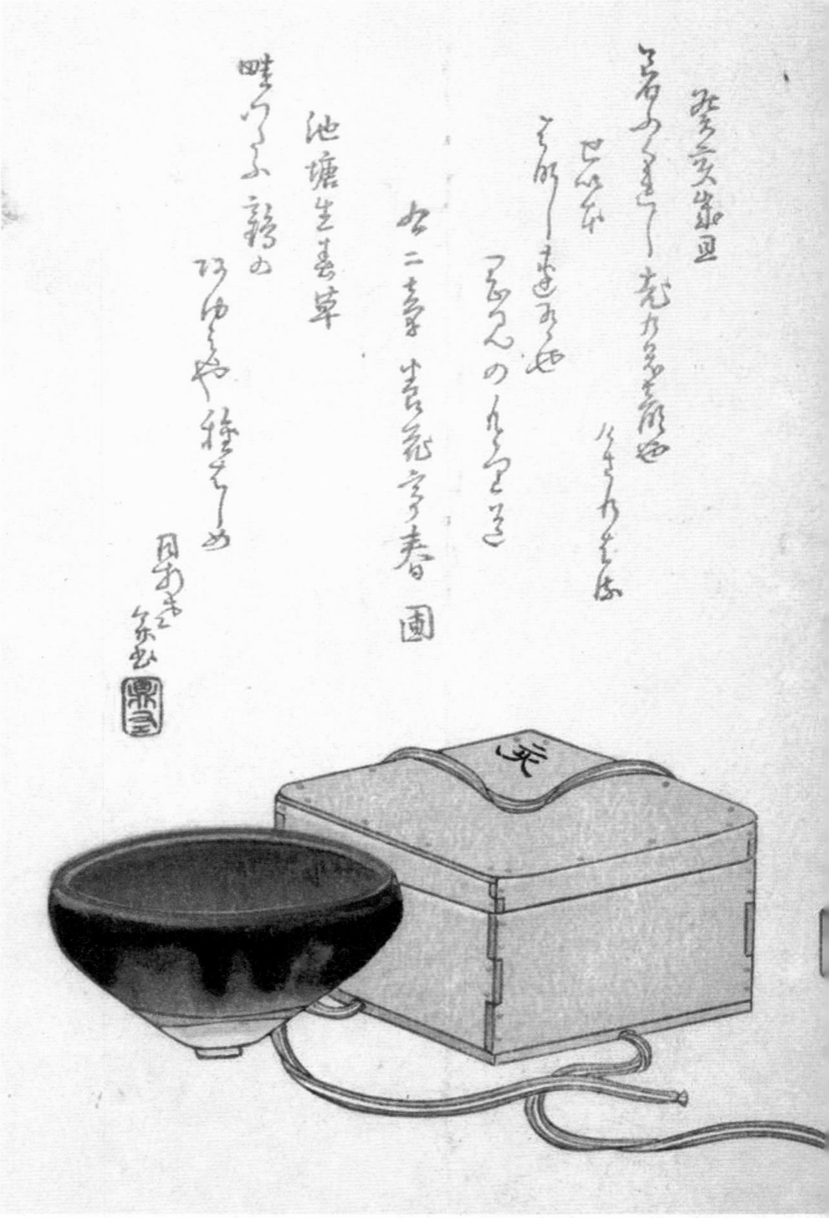

天目茶杯和包装盒

［日］柳柳居辰斋　收藏于美国纽约大都会艺术博物馆

20.5 厘米 × 18.1 厘米

壶，杯和风扇

[日]柳柳居辰斋　收藏于美国纽约大都会艺术博物馆

19.5厘米 × 16.7厘米

黑色茶叶罐

[日]古波顺曼 收藏于美国纽约大都会艺术博物馆

20.3 厘米 × 18.1 厘米

五色系列茶具

[日]古波顺曼 收藏于美国纽约大都会艺术博物馆

20.5 厘米 × 18.3 厘米

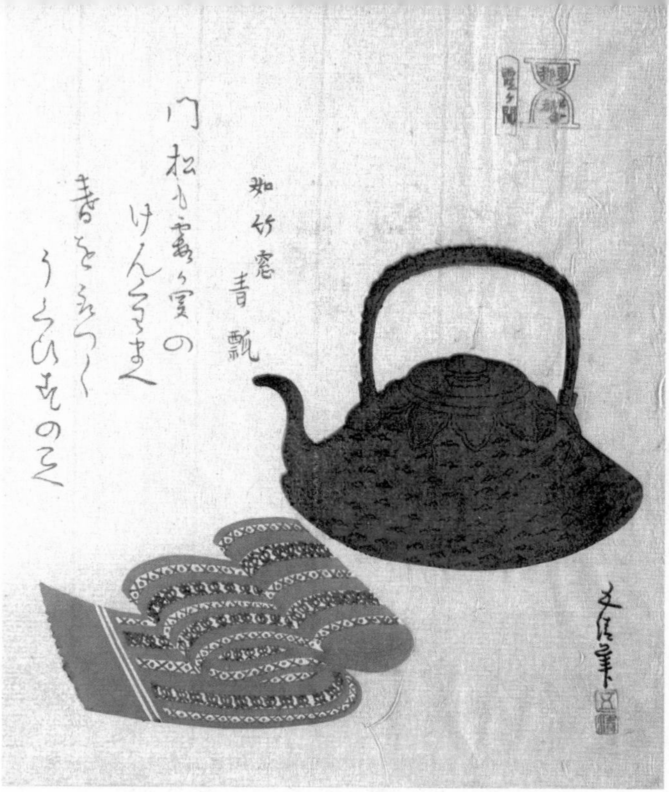

茶具

[日]柳柳居辰斋　收藏于美国纽约大都会艺术博物馆

20.6厘米 × 18.4厘米

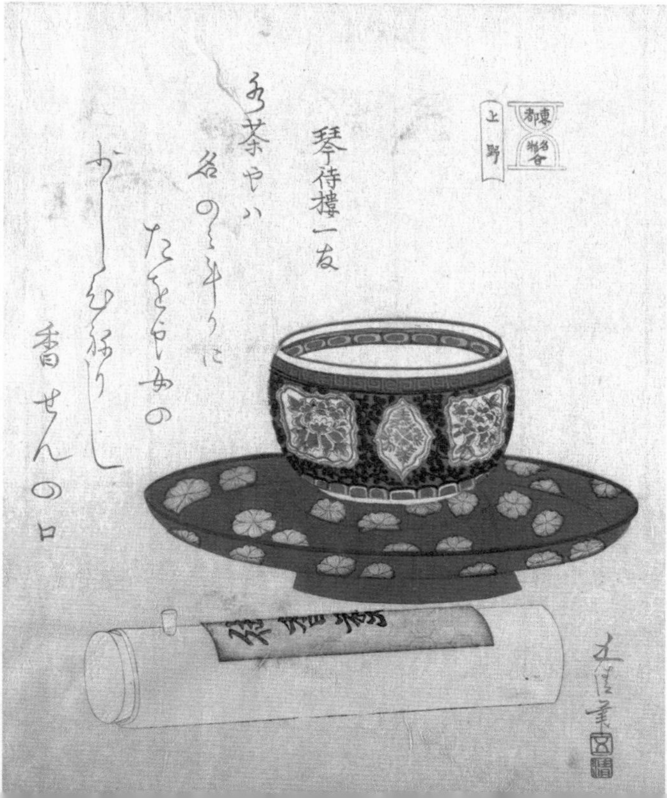

茶杯

[日]柳柳居辰斋　收藏于美国纽约大都会艺术博物馆

21厘米 × 18.4厘米

壶罐

［日］柳柳居辰斋　收藏于美国纽约大都会艺术博物馆

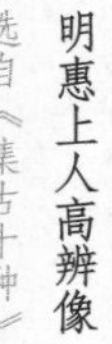

20.5厘米 × 18.1厘米

明惠上人高辨像

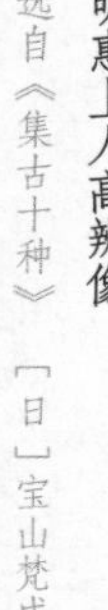

选自《集古十种》［日］宝山梵成／编　［日］松下尚悦／绘

高辨，号明惠上人，荣西之弟子，出生于平安时代末期纪州武士之家。

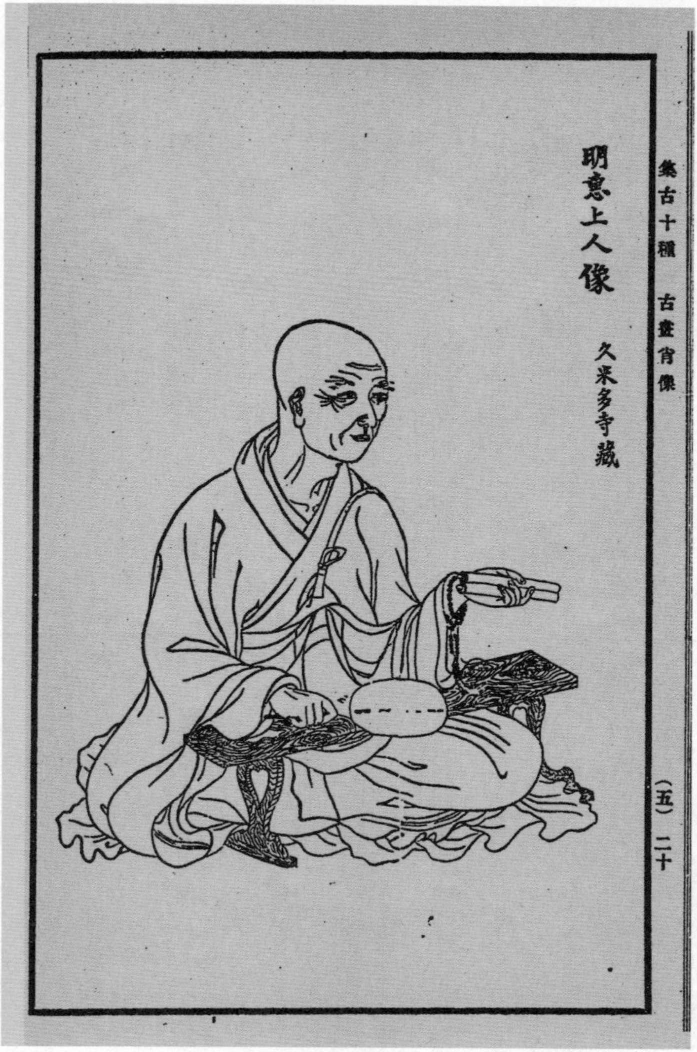

《荣西禅师赴宋集》

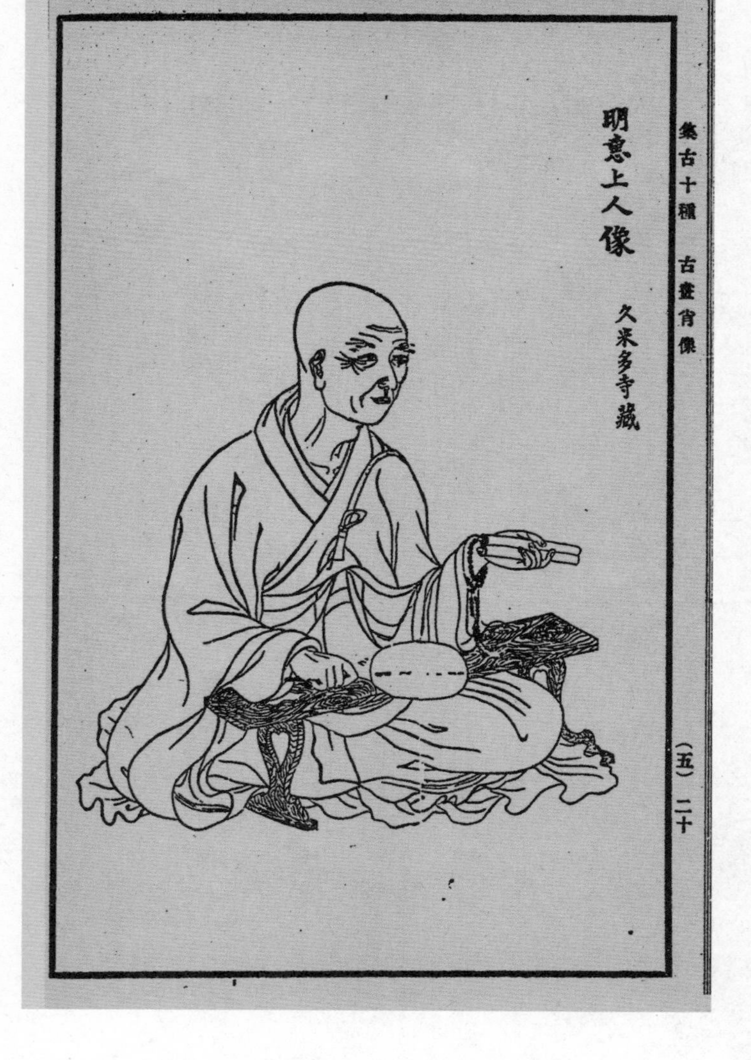

选自《高祖承阳大师行实图会》 [日]宝山梵成/编 [日]松下尚悦/绘

描述荣西禅师两次赴宋及回日本传法的故事。事实上，早在中国唐代（日本平安时期），日本弘法大师空海便将从中国带回来的茶献给当时的嵯峨天皇，但只在上层社会流行。荣西禅师是将茶普及日本的第一人。

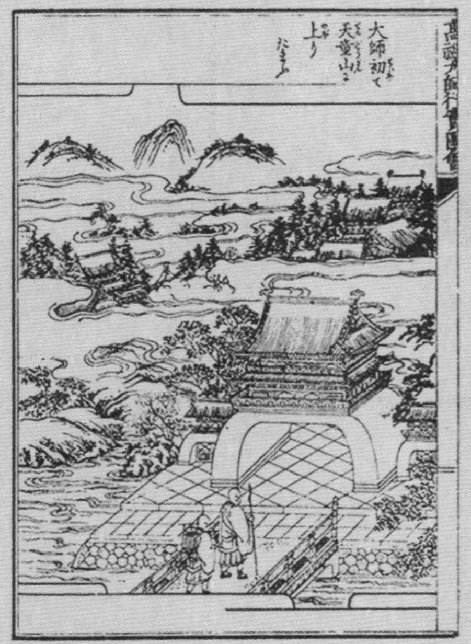

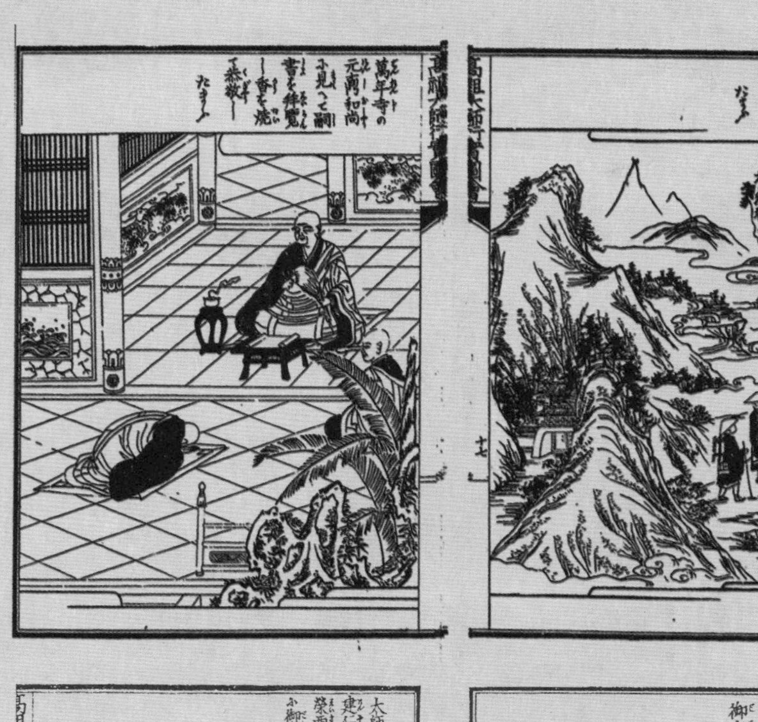
径山に登て如琰禅師に参見したまふ
萬年寺の元鼐和尚に見へて嗣書を拝覧し香を焼し恭敬したまふ

大師初て建仁寺の栄西禅師に御相見

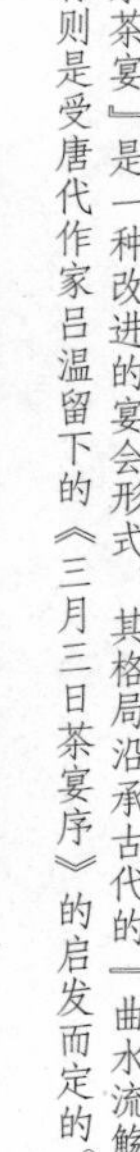

叡山の座主公圓僧正に就て御剃髪

《兰亭修禊图》

（明）钱榖　收藏于美国纽约大都会艺术博物馆

『曲水茶宴』是一种改进的宴会形式，其格局沿承古代的『曲水流觞』而来。其名称则是受唐代作家吕温留下的《三月三日茶宴序》的启发而定的。

【原文】

茶者，末代养生之仙药也，人伦[①]延龄之妙术也。山谷生之，其地神灵也。人伦采之，其人长命也。天竺[②]、唐土[③]同贵重之，我朝日本亦嗜爱矣。古今奇特仙药也，不可不摘乎？

谓劫初[④]人与天人同，今人渐下渐弱，四大[⑤]、五脏如朽。然者针灸并伤，汤治又不应乎。若如此治方者，渐弱渐竭，不可不怕者欤。昔者医方不添削而治，今人斟酌寡者欤。

伏惟天造万象，造人为贵也。人保一期，守命以为贤也。其保一期之源，在于养生。其示养生之术，可安五脏。五脏中，心脏为主乎。建立心脏之方，吃茶是妙术也。厥心脏弱，则五脏皆生病。

实印土耆婆[⑥]而二千余年，末世之血脉谁诊乎？汉家神农[⑦]隐而三千余岁，近代之药味讵理乎？然则无人于询病相，徒患徒危也。

有误于请治方，空灸空损也。偷闻今世之医术，则含药而损心地，病与药乖故也。带灸而夭身命，脉与灸战故也。

不如访大国之风，示近代治方乎。仍立二门[⑧]，而示末世病相，留赠后昆[⑨]，共利群生云矣。

于时建保二年甲戌春正月日。谨叙。

【注释】

① 人伦：指人类。

② 天竺：印度旧称。

③ 唐土：中国旧称。

④ 劫初：佛教用语，世界的开始时期。

⑤ 四大：佛教认为万物皆由地、水、火、风构成，称为四大。对应人体，骨肉为地，血为水，体温为火，活力为风。

⑥ 印土耆婆：印土即印度。耆婆为印度佛陀时代频婆娑罗王与阿世王的御医，佛教徒，其名声可媲美我国战国时代的扁鹊。

⑦ 汉家神农：汉家指中国。神农，即神农氏，传说中农业和医药的发明者，《茶经》中记载茶叶是神农氏发现的。

⑧ 二门：即《吃茶养生记》卷上“五脏和合门”与卷下“遣除鬼魅门”。

⑨ 后昆：后人，子孙。

【译文】

茶称得上是养生的“仙药”，饮茶是延年益寿的妙法。茶生长在山谷中，山谷是神灵聚集之地，人们采摘它，饮用之后可以长寿。印度和中国都把茶看得很贵重，我们日本也嗜爱饮茶。茶是古今奇特的“仙药”，不可不采摘。

话说世界开始之时，凡人与天人相同，而如今人们越来越衰弱，人体五脏如同朽木，然而用针刺和灸治会伤害身体，用汤药治疗效果又不明显。假如常用这样的方法治疗，人们的体质就会日益衰弱，不能不让人担心害怕。从前的医方不必增删药品而能治病，如今的人却缺少斟酌考虑。

上天创造万物，人是最贵重的。人生一世，保命要紧。保护生命的根本在于养生，养生之法可以使五脏和谐相安。五脏之中，心脏最重要，而保健心脏的方法，就是吃茶这一妙招。如果心脏衰弱了，五脏就会产生病患。

诚然，印度的耆婆医术虽高，但已经逝世两千余年，末世的脉象由谁来诊断？中国的神农隐去也有三千余载了，近世的药方该由谁来开？神医们都已作古，现已无人可以诊病疗疾，疾病隐患越来越危险了。

有时治疗方法有错误，无益的灸治只能损坏身体。我私下听说，当今的医术，用了药却损害了心脏，那是因为没有对症下药啊！用灸法治病却使宝贵的生命早早结束，是因为所用的灸法与患者的脉象正相冲突。

既然我国的情况已经这样，倒不如寻访中国的做法，展示他们近代好的治疗方法。于是建立两个门类，以昭示末世的病状，留赠后人，造福众生。

卷上

五脏和合门

五脏配五行是中医最基本的理论，具体知识可参阅相关中医书籍。

荣西禅师认为人们平时因为很少吃到苦味，心脏得不到喜好之味的补给，从而五脏强弱失调，以致产生疾病。为此，必须通过饮茶给心脏补给苦味，从而防止五脏强弱失调。心脏得到了加强，体内脏器平衡协调，不但可防止生病，还能延年益寿，减轻病痛。

在《黄帝内经》中，运用五行相生相克的原理来说明五脏之间彼此相互依赖、相互制约，共同维持身体平衡的关系。荣西禅师引证密宗教典《尊胜陀罗尼破地狱法秘钞》中关于人的五脏（肝、肺、心、脾、肾）是生命之本的论点：人的五脏最重要的是心脏，心脏强时五脏调和，五脏调和能使人的生命处于最佳状态。荣西禅师在文中提到的"陀罗尼"是咒语（密咒）或真言，意思是持明，包括禅修、念佛、持咒、行菩萨道。文中的"大国"指的是中国，荣西禅师指出日本人比中国人寿命短，主要原因在于不吃茶。

荣西禅师讲的是茶与养生，但因其为僧人，阐述养生理念时自然离不开宗教。中国禅茶与日本茶道的发展密不可分。

在中国唐代，茶便与禅联系在一起。中国"茶圣"陆羽从小在寺院中长大。僧人坐禅入定时，要求思想高度集中，静化、屏除一切杂念，聚思于悟道。饮茶则有助于营造氛围，达到高度入静状态，所以，唐代长安各大寺庙饮茶之风大盛。《封氏闻见记》载："学禅务于不寐，又不夕食，皆许其饮茶。人自怀挟，到处煮饮，从此转相仿

黄帝像

选自《帝王道统万年图》册 （明）仇英 收藏于中国台北「故宫博物院」

黄帝是华夏族部落联盟的首领，他与炎帝因统一了中华民族而被共同尊为中华民族的始祖。相传古代帝王尧、舜、禹及夏、商、周三代首领均为黄帝的后裔。他是少典之子，本姓公孙，因长居姬水，所以改姓姬，居轩辕之丘（今河南新郑西北），故号轩辕氏，建都于有熊（今河南新郑），亦称有熊氏，因有土德之瑞，故号黄帝。有嫘祖、嫫母等四位夫人。有后世学者认为黄帝时代是中国远古史上大洪水发生以前最强盛的时代。《黄帝内经》分《灵枢》《素问》两部分，为古代医家托轩辕黄帝名之作，是中国传统医学四大经典著作之一，是研究人的生理学、病理学、诊断学、治疗原则和药物学的医学巨著。

效，遂成风俗。”唐代“诗僧”皎然与陆羽是至交，爱茶、恋茶、崇茶，平生与茶结伴，一生作有许多茶诗。皎然最先提出品茶与悟道相结合的茶道，慢慢被大众所接受，诸多以茶喻道的禅宗公案开始流传。其中以唐代居士庞蕴与马祖道一禅师的论道典故最为著名。庞蕴是一位热衷禅道的居士，曾专程向当时最有名的高僧道一禅师请教。在道一的禅室，庞蕴先谈

《陆羽烹茶图》

（元）赵原　收藏于中国台北『故宫博物院』

图中阁内一人坐于榻上，应该是陆羽，一童子拥炉烹茶。陆羽，字鸿渐，复州竟陵（今湖北天门）人，被誉为『茶圣』。《新唐书》和《唐才子传》记载，陆羽幼时因其相貌丑陋而成为弃儿，后被龙盖寺住持智积禅师在竟陵西门外、西湖之滨拾得并收养。乾元元年（758年），陆羽在升州（今江苏南京）钻研茶事。上元初年（760年），至苕溪（今浙江湖州）隐居。其间，陆羽经常与当地名家皎然、朱放等人论茶。后来，陆羽著《茶经》，皎然著《茶诀》。唐代宗曾诏拜陆羽为太子文学，又徙太常寺太祝，皆未就职。

起他之前向另一位叫石头的禅师问禅的经历，说他以“不与万事万物为伴侣的是什么人？”向石头禅师讨教，石头禅师听到问话后不予回答，竟然伸手遮掩他的嘴巴。庞蕴说：“我有些不解，想向道一禅师请教，不知石头禅师究竟是什么意思。”道一听了面无表情，端起茶盏轻轻啜上一口，同样不予回答。庞蕴停了一停，又问：“那么，不与万事万物为伴侣的是什么人？”道一端起茶盏，轻轻品饮，缓缓说道：“等你一口吸尽西江水，就对你说。”庞蕴沉思片刻，笑了，说道：“原来如此，我终于明白了。”

五代的吴僧文精于煮水烹茶之道，被后人授予“汤神”称号。著名的赵州和尚，有一个“吃茶去”的典故。《五灯会元》记载，一天，赵州观音寺内来了两位僧人，赵州和尚问其中一僧道：“你以前到禅院

《写经换茶图》卷
（明）仇英　收藏于美国克利夫兰美术馆

来过吗？”僧答：“没有。”赵州吩咐：“吃茶去。”接着又问另一僧：“你以前来过吗？”僧答：“来过。”赵州又说：“吃茶去。”院主不解地问：“师长，为什么到过也说‘吃茶去’，不曾到过也说‘吃茶去’？”赵州没有直接回答，只高喊一声：“院主！”院主马上应诺道：“在！”赵州和尚接着说：“吃茶去！”

唐宋时，寺院中有专人从事烧水煮茶，献茶款客者称为“茶头”；寺院中还专门设立了“施茶僧”，专为游人惠施茶水。寺院中的茶分为：“奠茶”，供奉佛祖所用的茶；“戒腊茶”，按照受戒年限先后吸饮的茶；“普茶”，全寺僧人共同品饮的茶；“茶汤会”，专以茶汤开筵的茶。禅门喝茶时，还写有“茶牓”，也就是寺院为举办茶会而发布的告示。荣西禅师在南宋学习了中国寺院行茶、普茶的规则，引回日本，形成了日本寺庙的饮茶规范。

在荣西的基础上，村田珠光首创了“四铺半草庵茶”，被称为日本“和美茶”（侘茶）之祖。所谓“侘”，是茶道的专用术语，意为追求美好的理想境界。村田珠光

马祖道一禅师像

选自《古佛画谱》　佚名

马祖道一禅师门下极盛，有『八十八位善知识』之称，法嗣一百三十九人，以百丈怀海、西堂智藏、南泉普愿最为闻名，号称洪州门下三大士。其中百丈怀海门下开衍出临济宗、沩仰宗二宗。马祖道一经常以茶传法以助人禅悟，后世多有传颂。

曾追随一休禅师参禅，一休问他：“要以怎样的规矩吃茶呢？”珠光回答：“学习第一位把禅引进日本的荣西禅师的《吃茶养生记》，为身心健康而吃茶。”一休禅师看到村田珠光言不达意，便给他讲了中国禅宗著名的“赵州吃茶去”的公案，然后问村田珠光：“对于赵州‘吃茶去’的回答，你有何看法？”珠光默默地捧起自己心爱的茶碗，正准备喝，一休禅师突然发怒，举起铁如意棒，

赵州禅师像

选自《古佛画谱》 佚名

赵州禅师，法号从谂，禅宗六祖慧能大师之后的第四代传人。在赵州受信众敦请驻锡观音院，弘法传禅达四十年，僧俗共仰，为丛林模范，人称『赵州古佛』。

大喝一声，将珠光手中的茶碗打碎。珠光看着碎了的茶碗发呆，突然站起身，向一休行礼离座。即将走出门时，一休叫了声："珠光！"珠光转过身向一休行礼答："是！"一休追问："刚才我问你吃茶的规矩，但如果抛开规矩无心地吃时将如何？"珠光安静地回答："柳绿花红。"一休哈哈大笑："这个迟钝汉悟了！"

珠光认为茶道的根本在于清心，清心是"禅道"

日本江户时代濑户天目茶碗
收藏于美国纽约大都会艺术博物馆

的中心。他将茶道从单纯的“享受”转化为“节欲”，体现了修身养性的禅道核心。其后，日本茶道经武野绍鸥的进一步推进而达到“茶中有禅”“茶禅一体”之意境。绍鸥的高足、享有“茶道天才”之称的千利休，又于十六世纪时将以禅道为中心的“和美茶”发展形成贯彻“平等互惠”的利休茶道，成为平民化的新茶道，在此基础上归结出以“和、敬、清、寂”为宗旨的日本茶道（“和”以行之，“敬”以为质，“清”以居之，“寂”以养志）。至此，日本茶道初步形成。

日本茶汤六宗匠像

选自《茶之汤六宗匠传记》钞本 ［日］远藤元闲

图中六位人物为日本茶道创始人。荣西禅师将宋茶带回日本，推广至平民后，逐渐形成了日本茶道。村田珠光首创茶道概念，开创了独特的尊崇自然、尊崇朴素的草庵茶风。武野绍鸥对村田珠光的茶道进行了补充和完善，且将和歌理论输入茶道，将日本文化中独特的素淡、典雅的风格再现于茶道，使『茶禅一味』这个词开始流行。日本战国时代千利休时，茶道的精神世界最大限度地摆脱了物质因素的束缚，使得茶道更易于为一般大众所接受，从此结束了日本中世茶道界百家争鸣的局面。千利休是武野绍鸥的弟子，著名的茶道宗师。1585年，天皇赐给『利休』之法名，在此之前，他对外一直用千宗易的本名。1587年起，他主办丰臣秀吉发起的北野大茶汤，成为天下第一的茶匠。后得罪丰臣秀吉，切腹自尽。千利休死后，其弟子古田织部继承了他的茶道地位，集千利休茶道之大成，在茶器制作、建筑、造园方面风格大胆且自由，带动了安土桃山时代的流行文化『织部风』。古田织部的茶道弟子有小堀政一等人。1615年，受自己家茶头牵涉，被怀疑与丰臣家内通，6月11日被下令切腹，织部对此毫不解释而自尽，享年七十二岁。织部之后的大茶人是小堀政一，是备中松山藩二代藩主、后近江小室藩初代藩主。政一的茶汤作为远州流（小堀远州流）传承至今。举办约四百次茶会，招待的客人据说超过两千人，门下有松花堂昭乘、泽庵宗彭等人。

武野紹鴎の像

千利休宗易之像

古田織部重能之像

小堀遠江守政一公之像

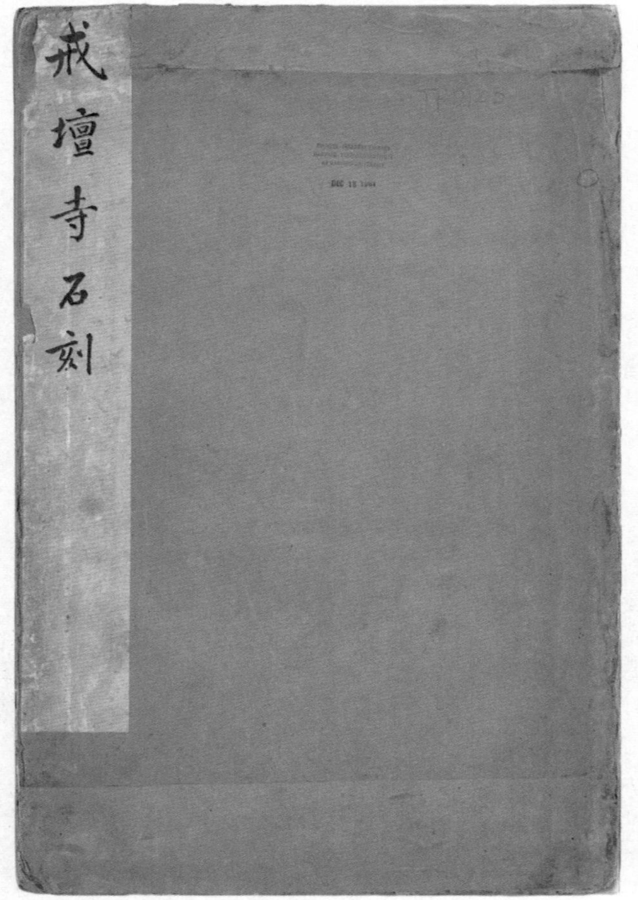

万安寺茶牓（拓本）

（元）溥光

茶牓，原为寺院举办茶会时发布的告示，基本内容为『某人因某事于某时某地举办茶会，邀请×××参加』。宋元时期，茶牓由枯燥的公文体发展为具有艺术美的骈体文、诗词等，茶牓仅限于方丈、监院、首座使用，一般在四时节庆、人事更迭、迎来送往等重大的礼节性茶会时张贴，对内容、材质、字体、行格、书写者等方面都有相应的要求。此为戒坛寺石刻中收录的万安寺茶牓。

大都大聖壽萬安寺諸路釋教

湛弘教大宗師揀公茶牓昭文

都總統三學壇主佛覺普安慧

館大學士中奉大夫特賜圓通玄悟大禪師雪菴頭陁溥光撰幷書

竊以隨緣應物無非回向菩提指事傳心總是行深般若欲破人間之大夢須憑劫外之先春伏惟佛覺普安慧湛弘教大宗師寶集正宗轉輪真子學衍於竺乾華夏顯密圓通

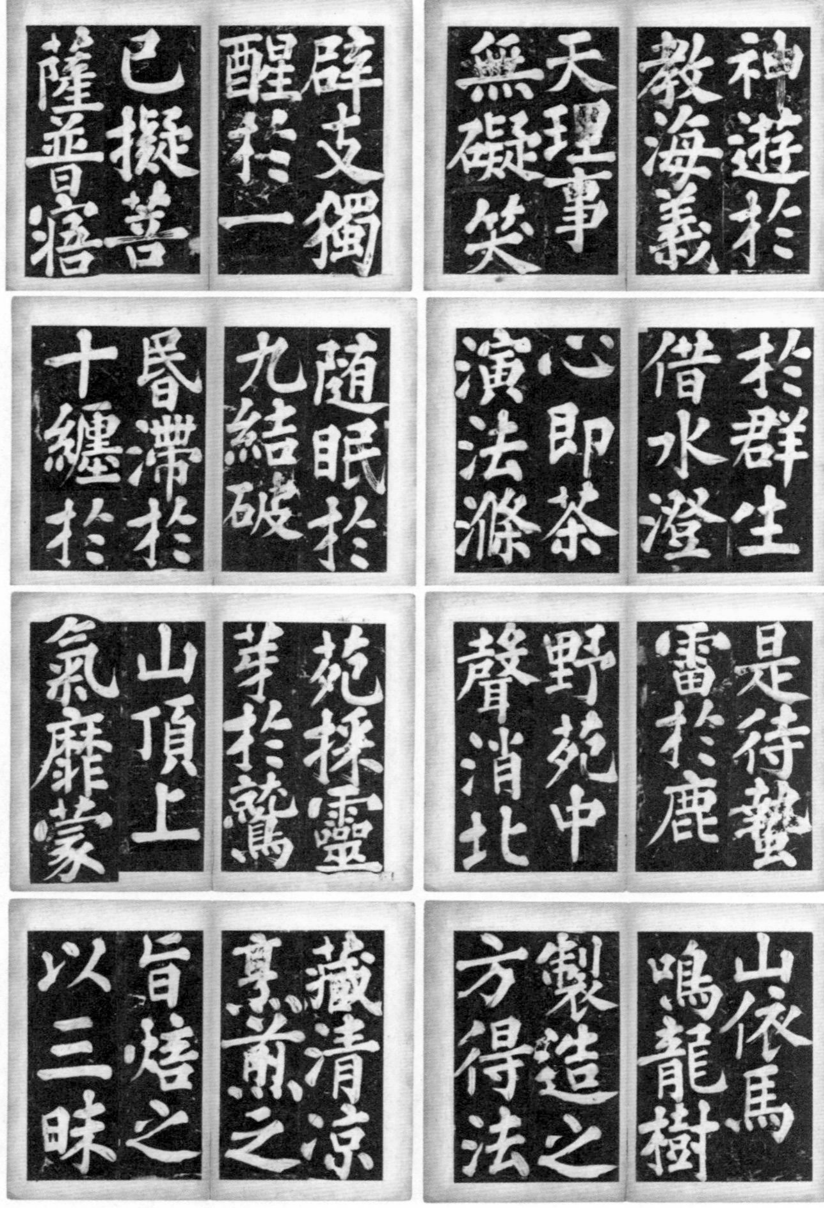
神遊於教海義
天理事無礙笑
於群生借水澄
心即茶演法滌
是待蟄雷於鹿
野苑中聲消北
山依馬鳴龍樹
製造之方得法
辟支獨醒於一
已擬菩薩並晉
隨眠於九結破
昏滯於十纏於
苑採靈芽於鷲
山頂上氣靡蒙
藏清涼烹煎之
旨嬉之以三昧

火輾之
以無礙
輪煮之
以方便

鐺貯之
以甘露
盌盛屑
飛時香

遍閻浮
國土白
雲生霧
光搖

紫極樓
臺非關
陸羽之
家風壓

倒趙州
之手段
以致
三朝共

啜百辟
爭嘗使
業障惑
障煩惱

障即日
消除資
戒心定
心智慧

心一時
灑落令
者法筵
大啓海

衆齊臻
法是茶
茶是濃
盡十方
世界是
箇真心
醒即夢
二即醒
轉八識
衆生即
成正覺
如斯煎
點利樂
何窮更
欲稱揚
聽末後
嵩
山戒壇
寺
句龍團
施滿塵
沙劫永
祝
龍圖億
萬壽
至大二
年正月
十五日
門資上
座德嚴
刻石于

【原文】

第一，五脏和合门者，《尊胜陀罗尼破地狱法秘钞》[①]云：一、肝脏好酸味；二、肺脏好辛味；三、心脏好苦味；四、脾脏好甘味；五、肾脏好咸味。

又以五脏充五行（木火土金水也），又充五方（东南西北中也）：

肝，东也，春也，木也，青也，魂也，眼也。

肺，西也，秋也，金也，白也，魄也，鼻也。

心，南也，夏也，火也，赤也，神也，舌也。

脾，中也，四季末也，土也，黄也，志[②]也，口也。

肾，北也，冬也，水也，黑也，相[③]也，骨髓也，耳也。

此五脏受味不同，好味多入，则其脏强，克旁脏，互生病。其辛酸甘咸之四味恒有而食之，苦味恒无，故不食

① 这是卷上总题。
其后原有“第二，遣除鬼魅门”文字，是下卷总题，因此将它移至卷下之首。

之。是故四脏【恒强，心脏】[4]恒弱，故生病。若心脏病时，一切味皆违，食则吐之，动不食。今吃茶则心脏强，而无病也。可知心脏有病时，人之皮肉色恶，运命由此减也。

日本不食苦味，但大国[5]独吃茶，故心脏无病，亦长命也。我国多有病瘦人，是不吃茶之所致也。若人心神不快之时，必可吃茶，调心脏，而除愈万病矣。心脏快之时而诸脏虽有病，不强痛也。

【注释】

① 《尊胜陀罗尼破地狱法秘钞》：查《大藏经》应是《三种悉地破地狱转业障出三界秘密陀罗尼法》（以下简称《陀罗尼法》）。

② 志："志"当为"意"。《素问·宣明五气篇·五脏所藏》："脾藏意。"《陀罗尼法》："脾主意。"

③ 相："相"当为"志"。《素问·宣明五气篇·五脏所藏》："肾藏志。"《陀罗尼法》："肾主志。"

④ 【恒强，心脏】：此处四字竹苞楼藏本缺失，文意不通，依别本补足。

⑤ 大国：指中国。

【译文】

第一，五脏和合门，《尊胜陀罗尼破地狱法秘钞》中说：一、肝脏喜好酸味；二、肺脏喜好辛辣味；三、心脏喜好苦味；四、脾脏喜好甘甜味；五、肾脏喜好咸味。

书中又用五脏配五行（木火土金水），又配五个方向（东南西北中）。具体如下所示：

肝，配东方、春天，五行中属木，五色中属青色，肝藏魂，五官属眼。

肺，配西方、秋天，五行中属金，五色中属白色，肺藏魄，五官属鼻。

心，配南方、夏天，五行中属火，五色中属红色，心藏神，五官属舌。

脾，配中央与四季之末，五行中属土，五色中属黄色，脾藏意，五官属口。

肾，配北方、冬天，五行中属水，五色中属黑色，肾藏志，主骨髓，五官属耳。

人体五脏平常所接受的味道不同，喜好的味道接受得多了，那个脏器就强壮，但同时又会影响、克制别的脏器，从而使得彼此都生病患。辛、酸、甘、咸四种味道是常见的味道，人们能经常吃到，苦味则不容易碰见，所以很难吃到。肺、肝、脾、肾四个脏器由于常常能接受喜好的味道而变得强壮，心脏由于没有苦味供给而变得衰弱，所以经常生病。如果心脏生病了，所有的味道都会失调，进食就吐，动辄吃不下东西。如今多吃茶，心脏就强壮，也就不生病了。由此可知，心脏有病时，人的皮肉颜色不佳，寿命因此缩短。

日本不吃苦味，可是中国却吃茶，吃茶则心脏无病，还能延年益寿。我国生病瘦弱的人很多，这就是不吃茶造成的。如果人心神不快，一定要吃茶，以此调适心脏，解除万病。心脏愉悦了，其他各脏器即使有病，也不会痛得那么厉害。

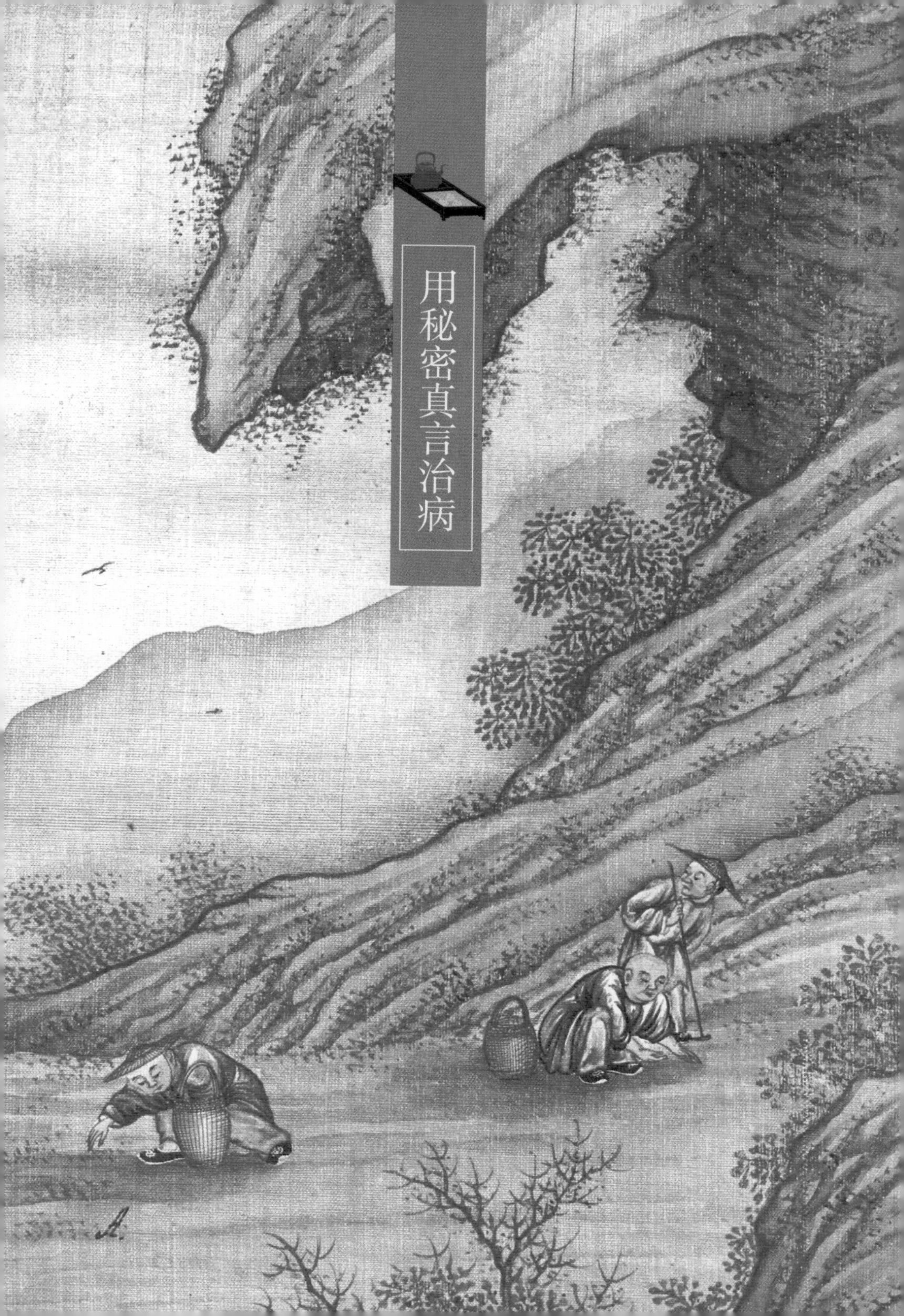

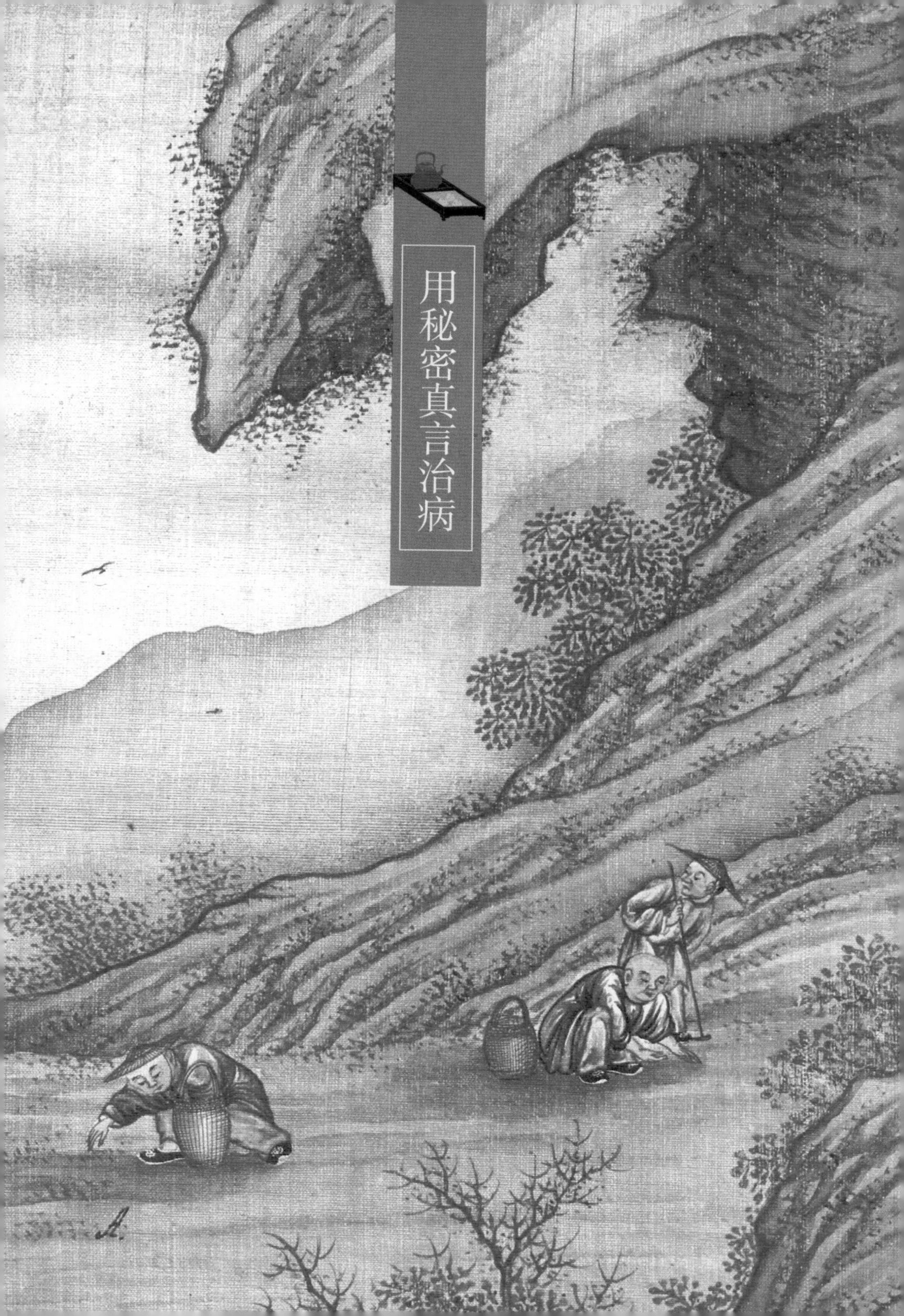

用秘密真言治病

日本镰仓时代阿弥陀如来
87.9厘米 × 73 厘米

荣西禅师将西方五佛与人体五脏相对应，并指出了具体的养生方法。荣西初次归国至第二次入宋，期间约有二十年，他一方面致力于禅与密法的研究和实践；另一方面暂居九州，做再度入宋的准备。这一期间，他曾巡锡备前、备中两国弘法布教，传授灌顶法会，并埋首撰著密教典籍，如《出缠大纲》《胎口诀》《誓愿寺缘起》《教时义勘文》《盂兰盆一品经缘起》等。荣西虽兼修显密二教，然尤其专力于密教，曾随穴太流派的基好法师受两部灌顶，又从川流派的显意法师禀受离作业灌顶，一身承继两流。由于荣西挂锡于山东塔东谷佛顶尾观泉房及叶上房，故称为“叶上流”，属台密山寺六流派之一，又称为“建仁寺流”，以荣西为祖师。因为荣西与密教关系深厚，所以后世学人认为《吃茶养生记》中尝试的养生法，极有可能来自密教。

《胎藏界曼荼罗》

[日] 佚名

胎藏界曼荼罗全名称为《大悲胎藏界曼荼罗》，根据密宗根本经典之一的《大日经》所绘。《大日经》的中心教义，就是『菩提心为因，大悲为根本，方便为究竟』三句。因此胎藏界曼荼罗的布局是体现这三句的意旨而绘出三重景象的曼荼罗。

【原文】

又《五脏曼荼罗仪轨钞》云：以秘密真言治之。

肝，东方阿閦佛也，药师佛也，金刚部也，即结独钴印，诵真言，加持肝脏，永无病也。

心，南方宝生佛也，虚空藏也，即宝部也，即结宝形印，诵真言，加持心脏，则无病也。

肺，西方无量寿佛也，观音也，即莲花部也，即结八叶印，诵真言，加持肺脏，则无病也。

肾，北方释迦牟尼佛也，弥勒也，即羯磨部也，即结羯磨印，诵真言，加持肾脏，则无病也。

脾，中央大日如来也，般若菩萨也，即佛部也，即结五钴印，诵真言，加持脾脏，则无病也。

此五部加持，则内之治方也，五味养生，则外疗治也。内外相资，保身命也。

【译文】

此外，《五脏曼荼罗仪轨钞》说：用秘密真言治病。

肝，是东方阿閦佛，又是药师佛，在金刚部，结“独钴”手印，念诵“[illegible]”真言，加持肝脏，永远无病。

心，是南方宝生佛，又是虚空藏，在宝部，结“宝形”手印，念诵“[illegible]”真言，加持心脏，就没病了。

肺，是西方无量寿佛，又是观音，在莲花部，结“八叶”手印，念诵“[illegible]”真言，加持肺脏，就没病了。

肾，是北方释迦牟尼佛，又是弥勒，在羯磨部，结“羯磨”手印，念诵“[illegible]”真言，加持肾脏，就没病了。

脾，是中央大日如来，又是般若菩萨，在佛部，结“五钴”手印，念诵“[illegible]”真言，加持脾脏，就没病了。

五部加持，是内治的方法；而以五味养生，则可以治疗外病。内外扶助，能够保护身体与生命。

C.
B.

五味

五脏与五味的联系，也是“天人合一”思想的一种具体表现。人身为一小宇宙，古人认为宇宙天体及地球万物都与人体相对应，存在一种互动的关系，当人体在某些方面有不足的时候，可以从自然界中吸取这种物质能量，以达到平衡。

从古籍中看，关于茶的味道的记载，大都说是苦涩的。《诗经》记载：“谁谓荼苦？其甘如荠。”这是苦尽甘来的意思。东晋初年的王濛，长得漂亮，擅长书画艺术，而且嗜茶成癖，是一位真正的雅士。由于自认为茶是天下最美的饮品，王濛经常请人喝茶，且必须喝尽。东晋的大臣中有不少是从北方南迁的士族，根本不懂茶中滋味，只觉得茶的苦涩实在难以忍受，可碍于情面又不得不喝，到王濛家喝茶一时成了痛苦的代名词。有一天，又有一个北方官员要到王濛家中办事，临出门时与朋友谈及王濛待客的风格，不由感叹道：“今天又有水厄了”。“水厄”一词由此而生。《宋录》记载，有一次新安王刘子鸾与豫章王刘子尚一同拜访八公山上的昙济，昙济以山上的茗茶待客，两位王子饮后赞不绝口，连连说道：“这哪里是茶呀，明明是甘露啊！”于是“水厄”一词又一变而为仙液。

荣西禅师从养生的角度阐述茶苦对身体的好处，“舌头有病，可知是心脏受到了损害，则用苦性的药治疗”。多喝茶可以治病。在科技发达的今天，已经证明苦味食物中所含的生物碱具有清热、促进血液循环、舒张血管等作用。吃些苦味食物，或适量饮用一些啤酒、咖啡等苦味饮料，不但能提神醒脑，还可以增进食欲、健脾利胃。

宋代茶盏

茶盏历代有各种不同的称谓。唐代称为『茶碗（盌）』『茶瓯』。『茶盏（琖）』是宋代的称呼。『茶杯』是进入明清之后的叫法，沿用至今。宋代茶盏讲究『收敛、节制』，造型秀丽、挺拔，盏壁斜伸、碗底窄小，轻盈而优雅，迎合当时品茶方式由『煎饮』到『点饮』的转变。点茶是在茶盏内最后完成的，需要用筅击拂茶汤，在盏面形成乳花。茶盏对茶颜色的垫托非常重要。当时有八大民窑，以长江为界。北方的四个窑是磁州窑、耀州窑、钧窑、定窑，南方四个窑是饶州窑、龙泉窑、建窑、吉州窑。其中磁州窑在今天的河北省磁县，而历史上把北方所有烧造民间用瓷的窑口统称为磁州窑。饶州窑即现在的景德镇窑。建窑原在福建建安（今建瓯），后迁建阳。所烧黑釉瓷器，釉面多条状结晶纹，细如兔毛，称兔毫盏，当时被誉为上品。

建窑兔毫茶盏

收藏于美国纽约大都会艺术博物馆

6.4厘米 × 11.7 厘米

吉州窑月影梅花纹茶盏

收藏于美国纽约大都会艺术博物馆

直径 12.1 厘米

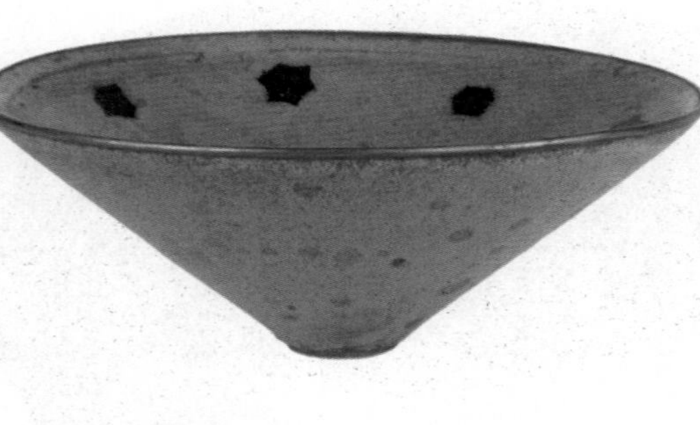

吉州窑梅花斗笠盏茶盏

收藏于美国纽约大都会艺术博物馆

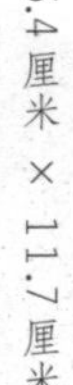

6.4 厘米 × 11.7 厘米

建窑曜变茶盏

收藏于美国纽约大都会艺术博物馆

5.1 厘米 × 13.3 厘米

吉州窑褐釉剪纸贴茶盏

收藏于美国纽约大都会艺术博物馆

6.7厘米 × 12.7厘米

吉州窑黑釉木叶纹茶盏

收藏于美国纽约大都会艺术博物馆

5.4 厘米 × 14.3 厘米

吉州窑玳瑁釉茶盏

收藏于美国纽约大都会艺术博物馆

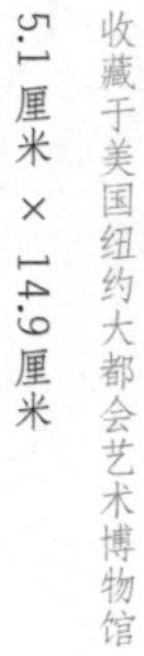

5.1 厘米 × 14.9 厘米

哥窑冰裂开片釉茶盏
收藏于美国纽约大都会艺术博物馆
7.3厘米 × 19.1厘米

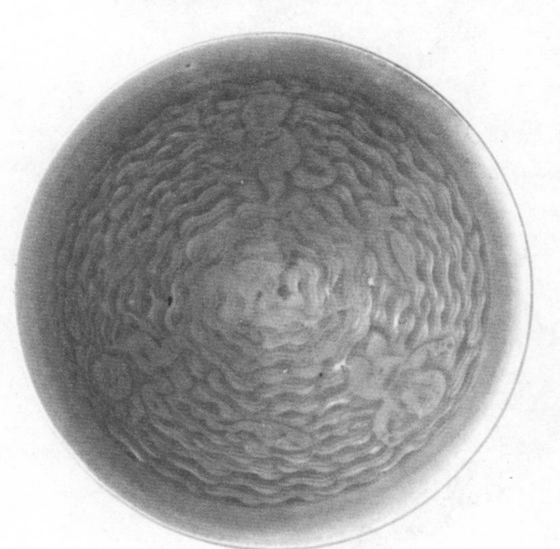

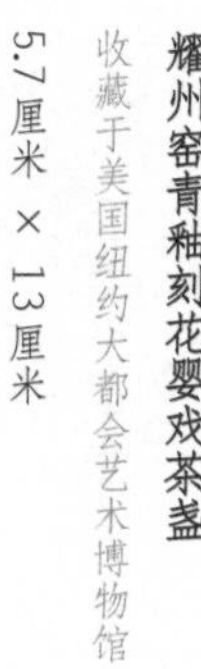

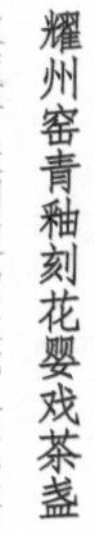

耀州窑青釉刻花婴戏茶盏
收藏于美国纽约大都会艺术博物馆
5.7厘米 × 13厘米

婺州窑黑釉茶盏

收藏于美国纽约大都会艺术博物馆

4.1厘米 × 11.4厘米

耀州窑刻花茶盏

收藏于美国纽约大都会艺术博物馆

7厘米 × 19.1厘米

建窑油滴黑釉瓷茶盏

收藏于美国纽约大都会艺术博物馆

7.6厘米 × 19.7厘米

定窑白釉斗笠茶盏
收藏于美国纽约大都会艺术博物馆
9.5厘米 × 22.2厘米

金朝钧窑茶盏
收藏于美国纽约大都会艺术博物馆
9.8厘米 × 22.2厘米

耀州窑印花纹茶盏
收藏于美国纽约大都会艺术博物馆
直径 14厘米

其五味者：酸味，柑子、橘、柚等也。

辛味，姜、胡椒、高良姜[①]等也。

甘味，砂糖等也，又一切食以甘为性。

苦味，茶、青木香[②]等也。

咸味，盐等也。

心脏是五脏之君子也，茶是苦味之上首也，苦味是诸味之上首也，因是心脏爱此味矣。心脏兴，则安诸脏也。若人眼有病，可知肝脏损也，以酸性药治之；若耳有病，可知肾脏损也，以咸药治之；鼻有病，可知肺脏损也，以辛性药治之；舌有病，可知心脏损也，以苦性之药治之；口有病，可知脾脏之损也，以甘性药治之。若身弱意消者，可知亦心脏之损也，频吃茶，则气力强盛也。其茶功能并采调时节，载左[③]有六条矣。

【注释】

① 高良姜：姜科植物，主产于两广、云贵等地，据《本草纲目》载，其根味辛。著名汉药清凉油、万金油的主要成分就是高良姜素。

② 青木香：马兜铃科植物，主产于江苏、浙江、安徽等地。据《本草纲目》载，其根味辛、苦。

③ 载左：古籍自右向左竖排，左边是下文。

【译文】

所说的五种味道分别如下：

酸味，如柑子、橘子、柚子等的味道。

辣味，如生姜、胡椒、高良姜等的味道。

甜味，如砂糖等的味道。一切食物都含甜性。

苦味，如茶、青木香等的味道。

咸味，如盐等的味道。

心脏是五脏的君主，茶是苦味中最高等级的食物，而苦味是各种味道中最高级的味道，所以心脏喜好茶叶的苦味。心脏强健，其他脏器才能协调。假如人眼有病，可知是肝脏受到了损害，则用酸性的药治疗；耳朵有病，可知是肾脏受到了损害，则用咸性的药治疗；鼻子有病，可知是肺脏受到了损害，则用辛辣的药治疗；舌头有病，可知是心脏受到了损害，则用苦性的药治疗；口腔有病，可知是脾脏受到了损害，则用甜性的药治疗。如果身体虚弱、意志消沉，可知也是心脏受到了损害，经常吃茶，就会使气力强盛。茶的功能以及采摘时节，分别记载于下，共六条。

茶的名称

【导读】

荣西禅师在讲述了医学、佛学的基本理论之后，开始转入正题，首先辨明茶的名称问题。茶在中国古代有很多种称谓，但“茶”字是用得最多的名称。“茶”字在唐代前一般写作“荼”。“荼”字的字义很多，表示茶叶只是其中一项。直到陆羽写出《茶经》后，“茶”的字形才进一步得到确立，一直沿用到现在。南北朝时期，王肃曾在南齐为官，后投奔北魏，爱喝茶，对当地人习惯的羊肉及奶酪不太喜欢。由于喝茶太多，每次喝时都能喝一斗，北魏京城的士大夫们便戏谑地为其取名“漏卮”，说他的嘴像是一只灌不满的杯子。在北魏生活了几年之后，王肃的饮食习惯慢慢发生了变化，开始和其他人一样大块吃着羊肉，大口喝着奶酪粥，孝文帝感到非常奇怪，便问道：“卿为华夏口味，以卿之见，羊肉与鱼羹，茗饮与酪浆，何者为上？”王肃回答：“羊是陆产之最，鱼为水族之长，都是珍品。如果以味而论，羊好比齐、鲁大邦，鱼则是邾、莒小国。茗最不行，只配给酪作奴。”此后，作为茶的一个别称，“酪奴”一词频频在各类咏茶的诗词中出现。

当然，各代茶人对茶有多种爱称，陆羽《茶经》将茶称为“嘉木”“甘露”；杜牧《茶山》诗赞誉茶为“瑞草魁”；施肩吾在诗中称呼茶为“涤烦子”；五代郑遨《茶诗》中赞称茶为“草中英”；北宋陶谷著的《清异录》一书，对茶有“苦口师”“水豹囊”“森伯”“清人树”“不夜侯”“余甘氏”“冷面草”等多种称谓；苏轼为茶取名“叶嘉”，并著《叶嘉传》；苏易简《文房四谱》称呼茶为“清友”；杨伯岩《臆乘 · 茶名》喻称茶为“酪苍头”；元代

北魏时期沉思的佛佗
收藏于美国纽约大都会艺术博物馆
52.1 厘米 × 32.4 厘米

杨维桢《煮茶梦记》称茶为“凌霄芽”；唐宋时的团饼茶被喻称为“月团”“金饼”；清代阮福《普洱茶记》中记载有“女儿茶”等。日本人现在饮的茶，主要以煎茶为主。

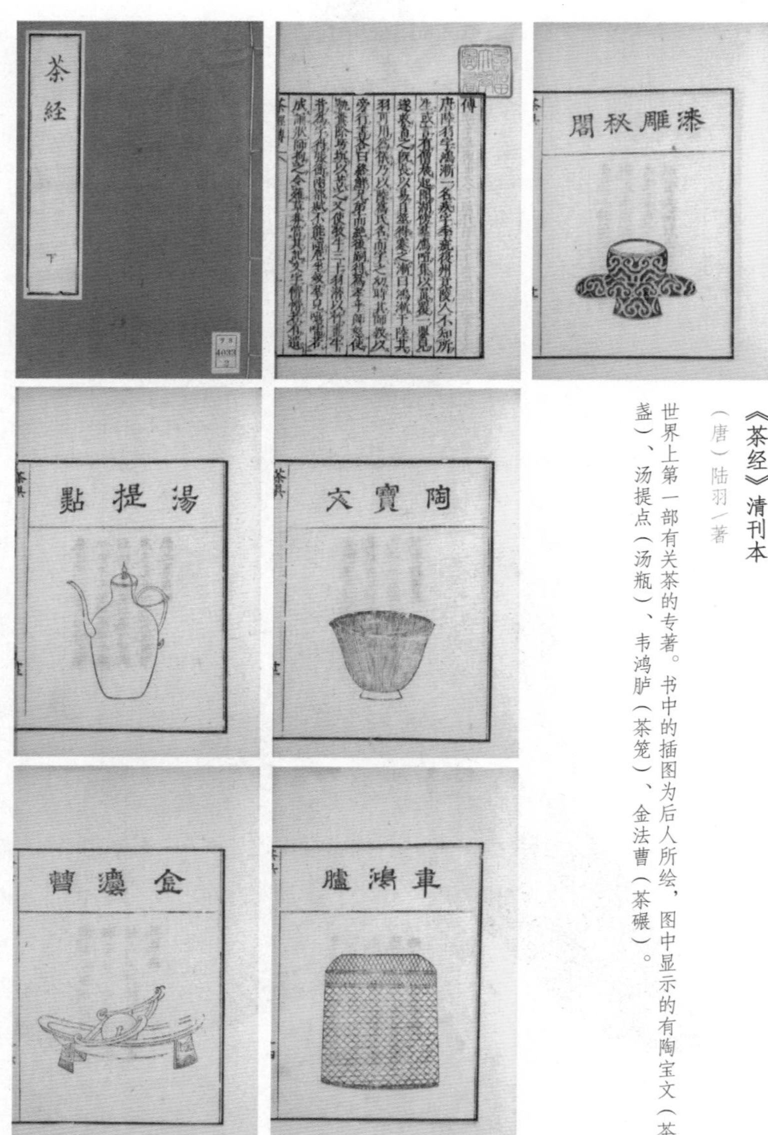

《茶经》清刊本

（唐）陆羽／著

世界上第一部有关茶的专著。书中的插图为后人所绘，图中显示的有陶宝文（茶盏）、汤提点（汤瓶）、韦鸿胪（茶笼）、金法曹（茶碾）。

杜舍人像

选自《晚笑堂竹庄画传》清刊本 （清）上官周

杜舍人，即杜牧。杜牧曾作诗《茶山》，此山在湖州长城县（今浙江长兴）顾渚山，地处太湖西岸，盛产紫笋茶。据《吴兴县志》记载：唐代在此地设有贡茶院，专司造贡茶。此诗是杜牧在湖州任刺史时所作，按唐制每岁春三月采制第一批春茶时，湖、常二州刺史都要奉诏赴茶山督办。

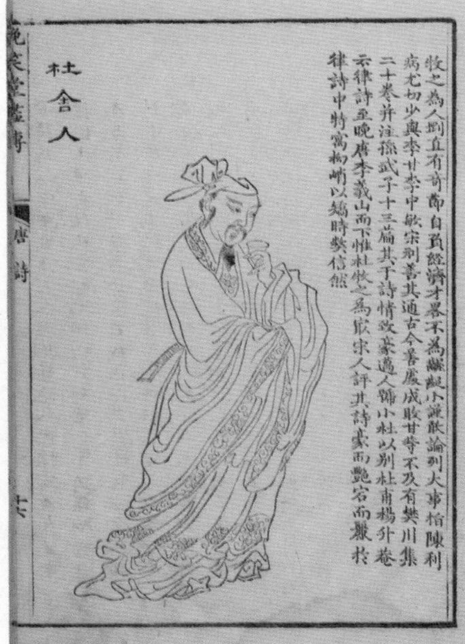

晚笑堂畫傳 唐詩

杜舍人

牧之爲人剛直有奇節自負經濟才畧不爲齷齪小謹敢論列大事指陳利病尤切少與李甘李中敏宋刑善其通古今善處成敗甘等不及有樊川集二十卷幷注孫武子十三篇其于詩情致豪邁人號小杜以別杜甫楊升菴云律詩至晚唐李義山而下惟杜牧之爲最宋人評其詩豪而艷宕而麗於律詩中特寓拗峭以矯時弊信然

东坡提梁壶

苏东坡精于品茶和烹茶，制作过样式精美且非常实用的提梁壶，同时对茶史也有很深的研究。据说有一次司马光举行茶宴，特意约了十几位名士斗茶取乐。苏东坡那天带的是白茶，与主人司马光的茶品相同，都是茶中的上品。按照斗茶的规矩，先看茶样，再闻茶香，后尝茶味。由于苏东坡专门带了最适宜泡茶的洁净雪水，因而茶味芬芳郁洌，风头盖过了主人。司马光甚是不服，便又想出一个难题。茶宴之间，司马光忽然问苏东坡：『茶越白越好，墨越黑越好；茶越重越好，墨越轻越好；茶越新越好，墨越陈越好。你怎么会同时爱上这两样东西呢？』苏东坡稍作沉思，便以『奇茶妙墨俱香』做出了回答。意思是说，茶与墨虽然不同，但只要是各自品种中最出色的，就都因其香味得到人们的认可。

日本茶具

日本对茶的称呼有汤茶、玉露、番茶、抹茶、煎茶等。日本茶道是为客人奉茶之事，源自中国。日本茶道相信喝茶是一件朴素的事情，茶具有炉（位于地板里的火炉）、柄杓（竹制的水杓，用来取出釜中的热水）、盖置（用来放置釜盖或柄杓的器具）、水罐（备用水的储水器皿）、水盂（废水的储水器皿），还有各种茶罐（薄茶用的叫枣，浓茶用的叫茶入，还有用来包覆茶入的仕覆，从茶罐取茶的茶杓）。当然，更有美丽的茶盏。

日本桃山时期濑户黑茶壶
收藏于美国纽约大都会艺术博物馆
直径9.3厘米

日本江户时代茶杯
收藏于美国纽约大都会艺术博物馆
直径 7.6 厘米

日本室町时代兔毫茶盏

收藏于美国纽约大都会艺术博物馆

7.3厘米 × 12.4厘米

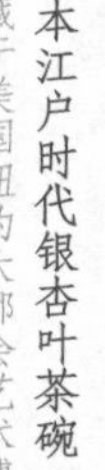

日本江户时代银杏叶茶碗

收藏于美国纽约大都会艺术博物馆

直径 4.4厘米

日本江户时代茶盏

收藏于美国纽约大都会艺术博物馆

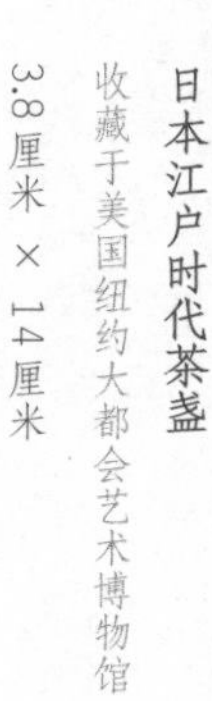

3.8厘米 × 14厘米

日本桃山时期志野桥文茶碗桥

收藏于美国纽约大都会艺术博物馆

10.5厘米 × 14厘米

传说桥姬是宇治桥畔的守桥女子，此茶器因其故事而得名。

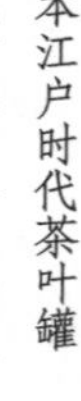

日本江户时代茶叶罐

收藏于美国纽约大都会艺术博物馆

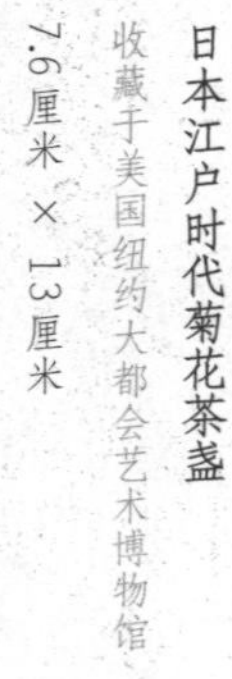

6.5厘米 × 6.7厘米

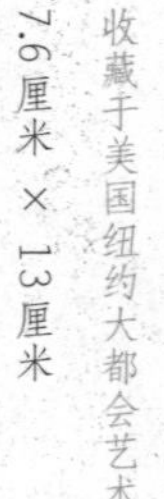

日本江户时代菊花茶盏

收藏于美国纽约大都会艺术博物馆

7.6厘米 × 13厘米

日本18世纪末茶叶罐

收藏于美国纽约大都会艺术博物馆

5.7厘米 × 7.9厘米

日本江户时代牡丹茶盏
收藏于美国纽约大都会艺术博物馆
直径 5.1 厘米

日本江户时代茶罐
收藏于美国纽约大都会艺术博物馆
7.6厘米 × 7厘米

日本江户时代凤凰金莳绘茶枣

收藏于美国纽约大都会艺术博物馆

6厘米 × 5.7厘米。枣是存贮日本薄茶用的茶罐，上宽下窄形似「枣」。

【原文】

一、明茶名字

《尔雅》[1]曰：槚，苦茶，一名荈，一名茗，早采者云茶，晚采者云茗也，西蜀人名苦茶（西蜀，国名也）。又云：成都府，唐都之西五千里外，诸物美也，茶亦美也。[2]

《广州记》[3]曰：皋卢（茶也），一名茗。广州，宋朝之南，在五千里外，即与昆仑国[4]相近。昆仑国亦与天竺相邻，即天竺贵物传于广州，依土宜美，茶亦美也。此州温暖，无复雪霜，冬不著绵衣，茶美，名云皋卢也。此州瘴热之地也，北方人到，十之九死。万物味美，故人多侵。然食前多吃槟榔子，食后多吃茶。客人强令多吃，为不令身心损坏也，仍槟榔子与茶，极贵重矣。

《南越志》[5]曰：过罗，茶也，一名茗。

陆羽《茶经》[6]曰：茶有五种名，一名茶、二名槚、三名蔎、四名茗、五名荈，加茆为六。

魏王《花木志》曰：茗。[7]

【注释】

① 《尔雅》:中国最早的一部解释词义的专著。《尔雅·释木第十四》:"槚,苦荼。"郭璞注:"树小似栀子,冬生,叶可煮作羹饮,今呼早采者为荼,晚取者为茗,一名荈,蜀人名之苦荼。荣西此处将《尔雅》原文和郭璞注释合而为一,又将"荼"字改为"茶"字。

② "又云:成都府,唐都之西……茶亦美也":此句不是引自《尔雅》,而是荣西的注语。唐都:指南宋都城临安,即今杭州。

③ 《广州记》:晋代裴渊(或顾微)撰,原书早佚。荣西应是转引自《太平御览》卷八六七《饮食部》:"《广州记》曰,酉平县出皋卢,茗之别名,叶大而涩,南人以为饮。" 皋卢:木名,叶状如茶而大,味苦涩,可代饮料。

④ 昆仑国:南海诸国的总称,又作掘伦国、骨伦国,原指位于中南半岛东南之岛国。隋唐时广指婆罗洲、爪哇、苏门答腊附近诸岛,包括缅甸、马来半岛。

⑤ 《南越志》:南朝宋沈怀远撰,原本已佚。《太平御览》卷八六七《饮食部》:"《南越志》曰,茗苦涩,亦名之过罗。"

⑥ 陆羽《茶经》:陆羽(约733—804年),字鸿渐,唐朝复州竟陵(今湖北天门市)人,号竟陵子,又号"茶山御史",一生嗜茶,精于茶道,因著世界第一部茶叶专著《茶经》而闻名于世,被誉为"茶仙",尊为"茶圣",祀为"茶神"。本句《茶经》原文是:"其名,一曰茶,二曰槚,三曰蔎,四曰茗,五曰荈。"

⑦ 魏王《花木志》:作者不详,原书早佚。《太平御览》卷八六七《饮食部》:"魏王《花木志》曰,叶似栀子,可煮为饮,其老叶谓之荈,□(原著此处文字缺失)谓之茗。"

【译文】

一、了解茶的名称

《尔雅》中记载：槚，苦荼，一名荈，一名茗，早采的称为荼，晚采的称为茗，西蜀人称为苦荼（西蜀，国名）。又说成都府，在南宋都城临安（今杭州）之西五千里外，物产好，茶也好。

《广州记》中记载：皋卢（茶），又叫作茗。广州在宋朝的南方五千里外，与昆仑国（南海诸国）相近。昆仑国也与印度相邻，这样印度的珍贵物产就传到广州，广州土壤适宜，因而茶也好。广州气候温暖，没有霜雪，冬天不用穿棉衣，茶好，叫作皋卢。广州是瘴热的地方，北方人来到这里，十分之九会有生命危险。但这里万物味道美好，故而很多人喜好来这里。人们在吃饭前吃很多槟榔子，饭后大量饮茶。客人来了，就反复规劝他多吃，是为了不让客人身心受到损害。槟榔子和茶，是极为贵重的。

沈怀远《南越志》载：过罗，是茶的名字，也称为茗。

陆羽在《茶经》中说：茶有五种名称，第一称为茶，第二称为槚，第三称为蔎，第四称为茗，第五称为荈。加上"茆"，就有六种名称。

魏王《花木志》载：叶如同栀子叶，可以煮着饮用，老叶称作荈，嫩叶则称作茗。

A
B

茶树形状

【导读】

在辨明茶的名称之后，荣西又据古籍交代了茶树的植物形状。宋徽宗赵佶在《大观茶论》中，阐述了从茶叶的栽培、采制到烹制、鉴品，从烹茶的水、火、具到色、味等多方面的知识，并对在北宋盛极一时的斗茶之风做了精辟的记述与总结。宋徽宗的茶论专业性极强，尤其在点茶的论述中，他的记录详尽到了每一道工序的每一个细节。“本朝之兴，岁修建溪之贡，龙团凤饼，名冠天下。”宋代，茶文化发展迅速，《宣和北苑贡茶录》载：“太平兴国初（976年）特置龙凤模，遣使即北苑造团茶，以别庶饮，龙凤茶盖始于此。”庆历三年（1043年），时任福建漕运使的蔡襄将龙凤团茶改为小龙凤团茶，视为珍品。欧阳修《归田录》载：“其品精绝，谓小团，凡二十饼重一斤，其价值金二两，然金可有而茶不可得！”元代《四时类要》也记载有种茶之法：“收取子，和湿沙土拌。筐笼承之，穰草盖。不尔即冻，不生。至二月中，出，种之。于树下或北阴之地开坎，圆三尺，深一尺。熟劚，着粪和土。每坑中，种六七十颗子，盖土厚一寸强。任生草，不得耘。相去二尺种一方。旱时，以米泔浇。此物畏日，桑下竹阴地种之，皆可。二年外方可耘治。以小便稀粪浇拥之，又不可太多，恐根嫩故也。大概宜山中带坡坂。若于平地，即于两畔深开沟垄泄水。水浸根必死。三年后收茶。”

《宋徽宗赵佶半身像》轴

（宋）佚名　收藏于中国台北『故宫博物院』

赵佶，宋神宗十一子，宋朝第八位皇帝，在位二十六年。靖康之变后，宋徽宗与儿子宋钦宗二帝被俘北上，北宋灭亡。宋徽宗是花鸟画大师，还自创书法『瘦金书』。他在其创作的书画上使用一个类似拉长了的『天』字的花押，据说象征『天下一人』。这也是中国历史上最著名的花押。同时，他也是一位名副其实的茗中高手，其所撰《茶论》（亦名《大观茶论》）至今仍被认为是一部不可多得的论茶专著，在此书中，宋徽宗结合自己的经验，阐述了从茶叶的栽培、采制到烹制、鉴品，从烹茶的水、火、具到色、味等多方面的知识，并对在北宋盛极一时的斗茶之风做了精辟的记述与总结。蔡京在《延福宫曲宴记》中记载，宣和二年（1120年）十二月的一天，宋徽宗在延福宫宴请王公大臣时，亲自表演点茶技艺并将点好的贡茶分给赴宴的王公大臣们饮用。

《宣和北苑贡茶录》（部分）

（宋）熊蕃／撰　（宋）熊克／绘

北苑御茶（北苑贡茶）指宋代贡茶，主产区在古代建安县吉苑里，即今福建省建瓯市东峰镇境内。书中所述皆建安茶园采焙入贡法式。在宋代，茶叶是对外贸易的一种商品。蔡京为相时，大改茶盐之法。崇宁四年（1105年），撤销各产茶区的收购机关（山场），商人在京师或地方领取长短引（运销茶叶凭证。长引，限一年，可行销外路；短引，限一季，只能行销本路，且行销的茶叶数量少）。后直接向园户买茶，再到政府机关缴纳茶息和批引。

大鳳　銀模　銅圈

按建安志載銙式有方圓大小式無龍鳳則以竹爲圈其製有龍鳳者用銀銅爲圈

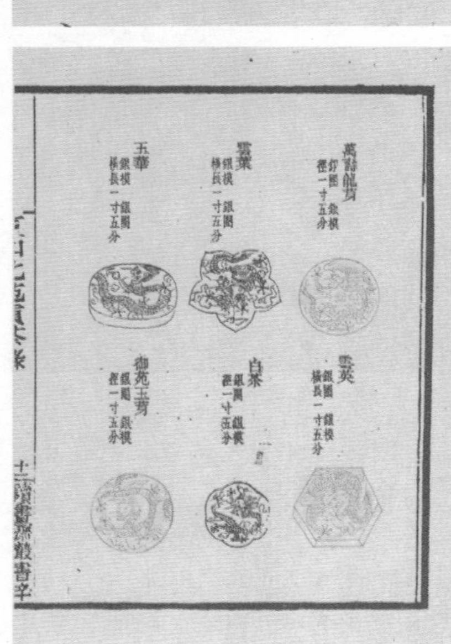

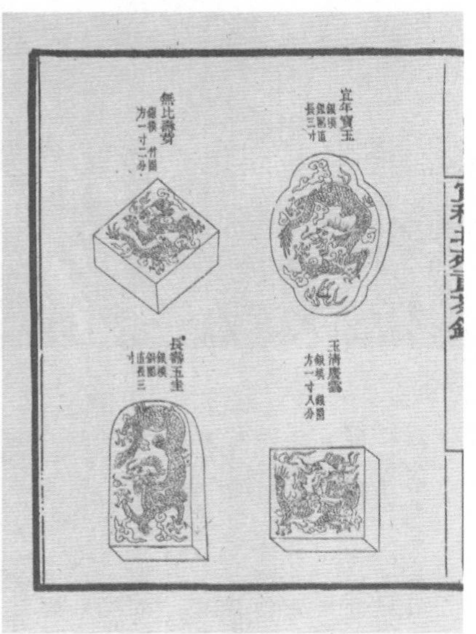

中国茶发展到现在，依照加工方式略分为白茶、黄茶、绿茶、青茶、红茶、黑茶。还有一些再加工茶，如茉莉花茶。茶叶种植地有浙江（西湖龙井）、福建（武夷山岩茶、安溪铁观音）、安徽（毛峰）、河南（信阳毛尖）、云南（普洱茶和滇红）等。

荣西禅师并非第一个将中国茶引入日本的人，早在唐代，日本僧人最澄禅师随日本遣唐使团乘船来到中国，在中国诸多名寺中研究佛学，同时也品尝到了各寺收藏的茗中珍品。回国时，最澄除了带走大量的佛学经典著作之外，还带走了许多珍稀的茶叶种子，并把它们种植在了日本的滋贺县。公元 815 年，日本嵯峨天皇到滋贺县梵释寺，寺僧献上来自中国的茶水，天皇饮后非常高兴，建议大力推广饮茶，但只在日本上层流传。

荣西禅师入宋归国时，也带回了一些茶种和茶具，先后在筑前背振山（今佐贺县神崎郡）和博多圣福寺植茶品茗。明惠上人在栂尾种植之后，茶之种植推广到宇治、伊势、骏河、川越等地。将茶推广至日本平民阶层的还有一位被称为“卖茶翁”的日本和尚——柴山元昭。他每天熬好茶汤，挑着茶担，到大街上叫卖“十文不嫌多，半文不嫌少，白喝也无妨，只是不倒找”。在“卖茶翁”身体力行的推广下，中国茶叶与饮茶艺术、饮茶风尚真正进入了日本平民的生活，并日益兴盛。

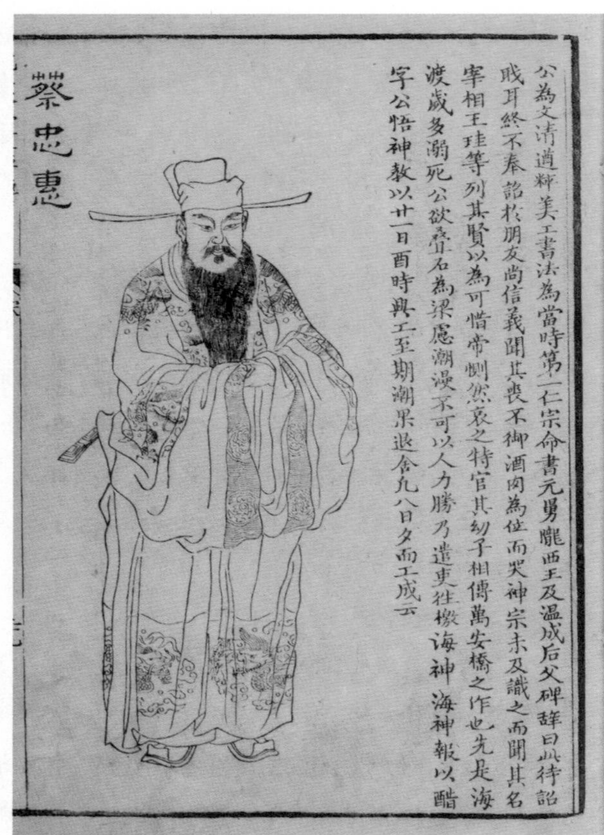

蔡忠惠像

选自《晚笑堂竹庄画传》清刊本 （清）上官周

蔡襄，字君谟，号莆阳居士，著名书法家。天圣八年（1030年）解元，曾出任福建路转运使，知泉州、福州、开封和杭州府事等职。治平四年（1067年）八月，蔡襄在家逝世，赠谥忠惠。蔡襄所著《茶录》是宋代重要的茶学专著。蔡襄有感于陆羽《茶经》「不第建安之品」而特地向皇帝推荐北苑贡茶之作。全书分为两篇，上篇论茶，分色、香、味、藏茶、炙茶、碾茶、罗茶、候茶、熁盏、点茶十目，主要论述茶汤品质和烹饮方法；下篇论器，分茶焙、茶笼、砧椎、茶铃、茶碾、茶罗、茶盏、茶匙、汤瓶九目。《茶录》是继陆羽《茶经》之后最有影响力的论茶专著。

欧阳文忠公像

选自《古先君臣图鉴》明刻本 （明）潘峦

欧阳修，字永叔，号醉翁、六一居士，谥文忠。北宋政治家、文学家，唐宋八大家之一。吉州庐陵（今江西省永丰县）人，曾继包拯接任开封府尹。四岁丧父，随叔父欧阳晔在湖北随州长大，由其母郑氏教养。为人勤学聪颖，家贫买不起文具，『以荻画地』，传为美谈。天圣八年（1030年）中进士。庆历中任谏官，支持范仲淹。王安石推行新法时，欧阳修对青苗法有所批评。欧阳修爱茶，除了多首咏茶诗作外，还为蔡襄《茶录》写了后序，并著有专门论说煎茶用水的《大明水记》。

最澄禅师像

选自《传教大师全集》

最澄禅师，俗名三津首广野，日本天台宗开创者。据日本茶的历史年表记载：『公元805年，在佐贺县大津市的日吉大社，种植了由最澄从中国带回来的茶树果实。』最澄将这些茶籽种植在京都比睿山麓，形成了日本最早的『日本茶园』。这是中国茶种传往国外的最早文献记载。

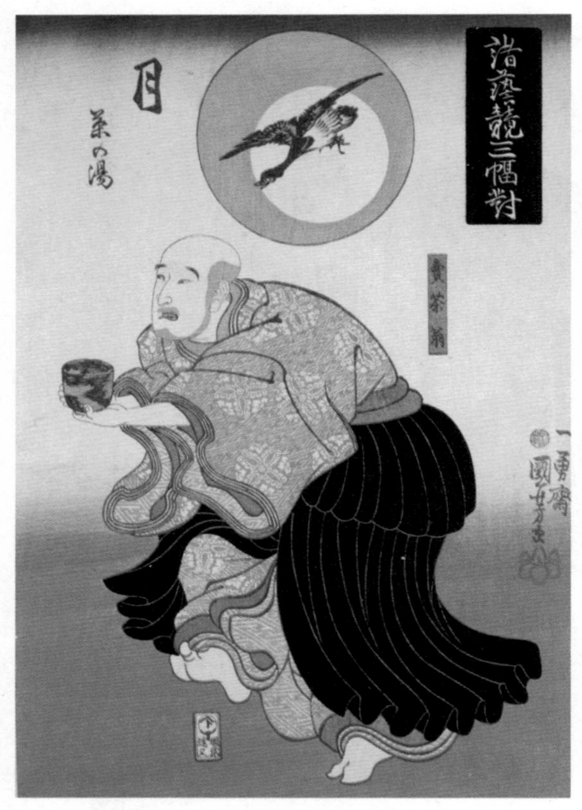

《卖茶翁茶器图》

［日］木村孔阳氏

卖茶翁是日本黄檗宗万福寺的禅师，俗名柴山元昭，法号月海，又号高游外。他将近耳顺之年，毅然辞别『寺院』，肩挑茶担，挂『十文不嫌多，半文不嫌少，白喝也无妨，只是不倒找』的特制茶旗，在京都一带向日本民众宣传茶的好处。卖茶翁对『煎茶』文化的平民化、普及化做了贡献。在日本茶史上，卖茶翁被称为『煎茶道』的祖师爷。荣西禅师把茶种、茶艺从中国带回日本，煎茶开始在日本流行。此后江户时代初期千利休创立『抹茶道』，而煎茶道一时偃息。至江户时代中期，高游外重新确立煎茶的法与道，并受到当时文人的追捧，遂呈中兴之势。煎茶道也被称为『文人茶』。书中的茶器图非常精细，摘录其以供大家欣赏

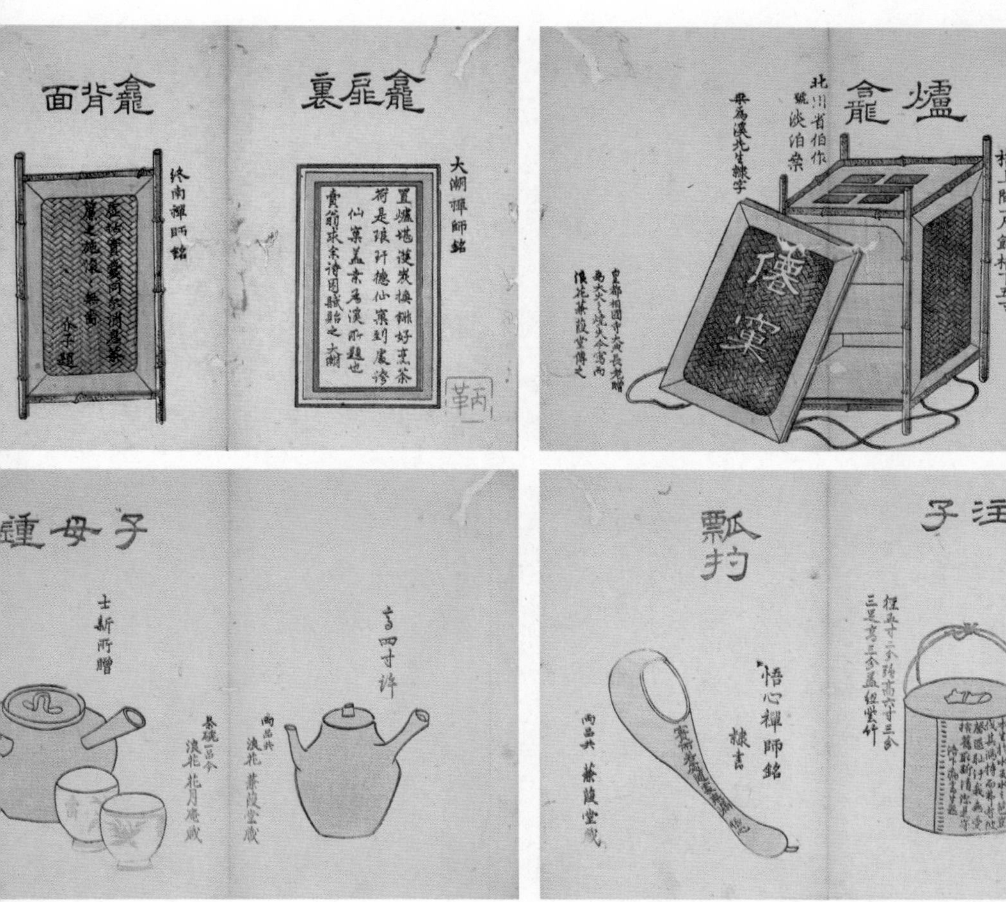
龕背面
終南禪師銘
龕扉裏
大湖禪師銘
爐龕
北川省伯作
高一尺七寸方八寸五分
格上間一尺餘格下五寸
子母鍾
高四寸許
瓢杓
悟心禪師銘
隷書
蒹葭堂藏
注子
宇野明霞先生銘
藤提

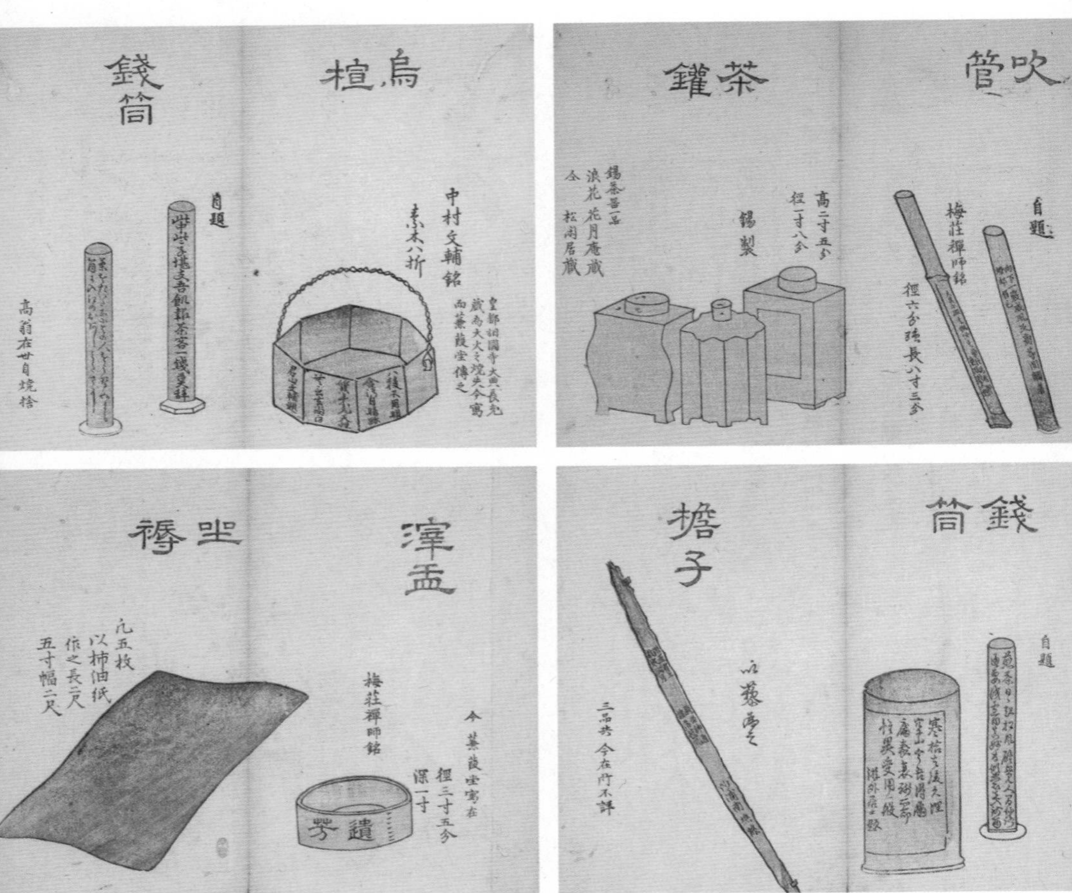

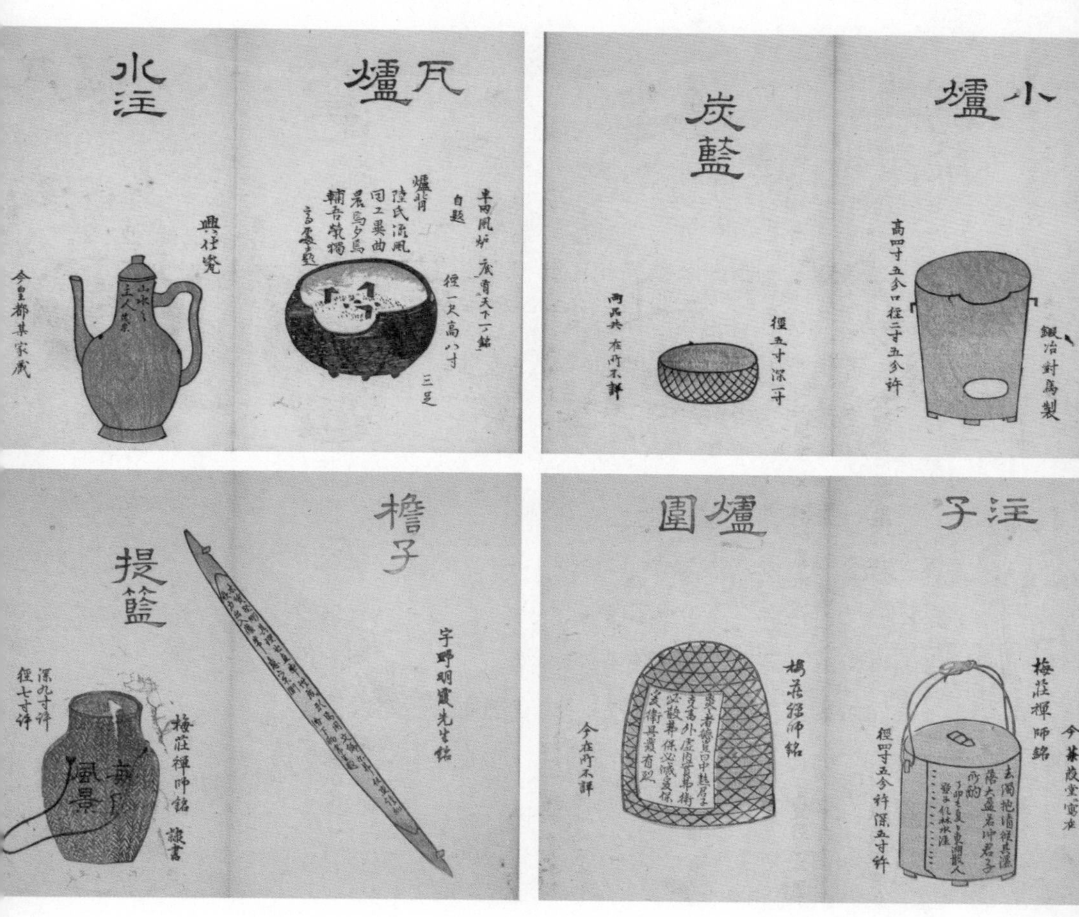

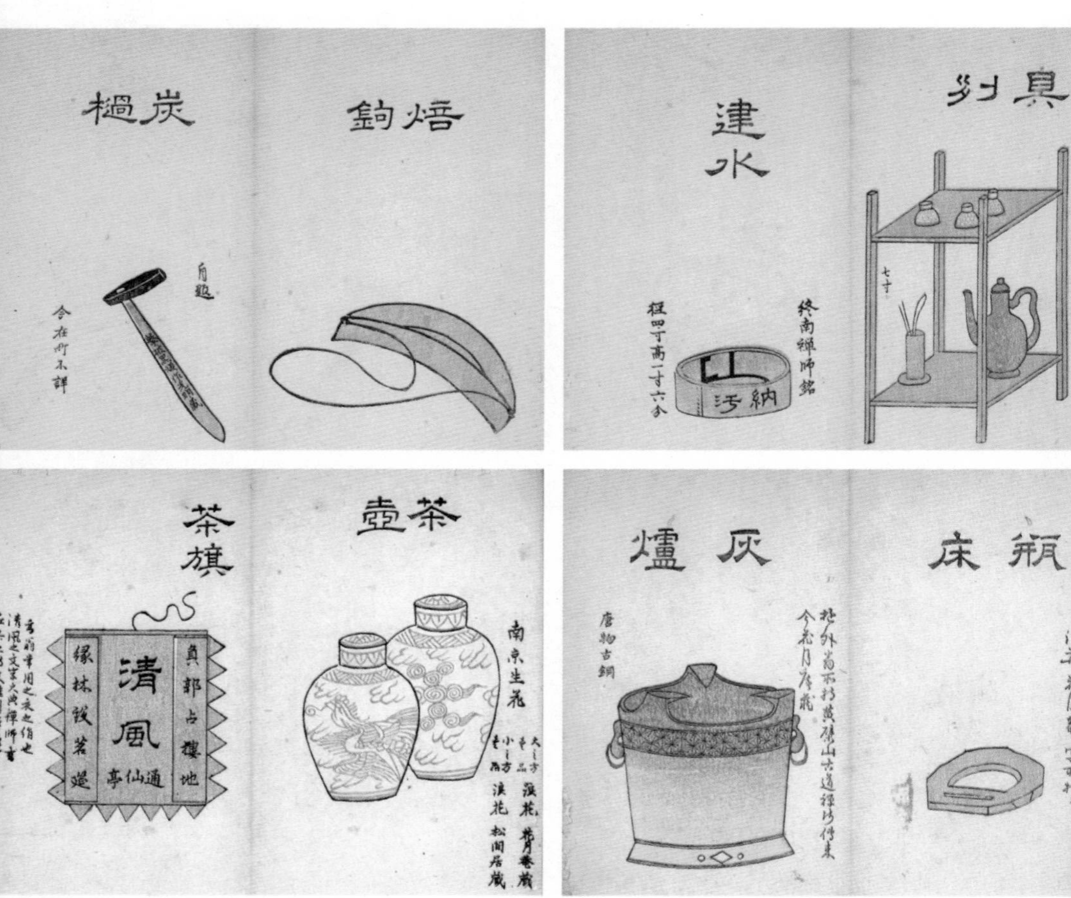

【原文】

二、明茶形容

《尔雅》曰：树小似栀子[①]木。

《桐君录》曰：茶花状如栀子花，其色色白。[②]

《茶经》曰：茶似栀子叶，花白如蔷薇。[③]

【注释】

① 栀子：茜草科植物，野生品种也叫黄栀子、山栀子，外形类似茶树，果实黄色，可入药，栀子黄还可作为染料。栽培品种有大叶栀子（大花栀子）等，花大而富浓香，不结果。

② 《桐君录》：即《桐君采药录》，又名《桐君药录》，约为秦汉时期作品，作者不明，书早已佚失，“桐君”或者是作者名，或指浙江省桐庐县的桐君山。《太平御览》卷八六七《饮食部》：“《桐君录》曰：西阳武昌晋陵皆出好茗，巴东别有真香茗，煎饮令人不眠。又曰：茶花状如栀子，其色稍白。”

③ 茶似栀子叶，花白如蔷薇：《茶经》原文是：“其树如瓜芦，叶如栀子，花如白蔷薇，实如栟榈，蒂如丁香，根如胡桃。”

【译文】

二、了解茶的样子

《尔雅》中记载：茶树体形小，像灌木栀子。

《桐君录》中记载：茶花的外形像栀子的花，颜色稍白。

《茶经》中记载：茶叶像栀子叶，花为白色，像蔷薇花。

B.

茶的功能

【导读】

这一节的内容是荣西禅师为“茶者，养生之仙药也，延龄之妙术也”所作的注解。茶的医疗作用自古有之，传说神农氏采摘茶叶的初衷就是为了治病，后来才主要用于饮用。因为茶叶中所含的物质不同，各种茶的药用价值也不同。荣西不断提到茶的治病功能是因为他第二次入宋在天台山万年寺求法期间，因事去明州（今宁波市），时值六月炎暑，热气蒸腾，荣西离山不久，途中中暑，几至“气绝”。幸好附近有个店主煎了药茶，令其饮服，方感“身凉清洁，心地弥快”。古籍中记载的茶的功能，甚至达到了神化的境地，以现在的眼光看，这些叙述未必完全正确，只能作为参考。如关于饮茶可致“不眠”的问题，茶确实可以起到使人兴奋的作用，困乏的时候饮茶可以提神醒脑，但夜里饮浓茶导致无法入睡则未必益于健康。

传说达摩祖师面壁禅坐时，不饮不食，但在入定中的第三年，由于睡魔侵扰，让他盹着了一会儿。达摩祖师清

智顗画像

选自《伝教大师伝》［日］三浦周行

智顗，俗姓陈，字德安，世称智者大师，天台大师，是中国佛教天台宗四祖，天台宗的实际创始人。开皇十一年（591年）十一月，杨广在江都城内总管府金城殿设千僧会，隆重迎谒智顗，并拜智顗为师。智顗为杨广取法名为『总持菩萨』，杨广奉智顗为『智者大师』。六年后智顗圆寂时，杨广于天台山南麓建立大寺院。后来杨广即位为帝，御赐这座寺庙名为『国清寺』。天台宗的学说以《法华经》为主教依据，故天台宗亦称法华宗。智顗的学说在日本有很大影响，荣西禅师曾在天台山万年寺求法。

《达摩面壁图》（明）宋旭

达摩到达嵩山少林寺后，于寺中面壁九年，称『壁观婆罗门』。面壁是一种静坐的方式，面对石壁，端端正正地坐在那里，两腿曲盘，两手作弥陀印，双目下视，五心朝天入定。开定后，便可以喝茶，待倦怠恢复后再坐禅入定。

醒后非常愤怒，心想，如果连昏睡这样的搅扰都抵挡不住，何谈度众生！便撕下眼皮掷在地上继续禅坐。后来，从达摩祖师扔下眼皮的地方长出一苗灵根与清香的枝叶，祖师在后来的打坐中逢有昏沉就摘这种叶子嚼食，很快就清醒了。这就是后世的茶。荣西属于佛门中人，他认为，修禅有三大障碍：一为睡魔，二为杂念，三为坐相不正。不除掉这三大障碍，禅便难以修成，尤以睡魔为甚，欲驱除之，当饮茶。

经科学分析，茶叶中含有咖啡碱、单宁、茶多酚、蛋白质、碳水化合物、

明朝时期凤凰茶碗架

剔红漆器。

游离氨基酸、叶绿素、胡萝卜素、芳香油、酶、维生素A原、维生素B、维生素C、维生素E、维生素P以及无机盐、微量元素等四百多种成分。正如荣西举证，茶的功能有很多，而且深受历代文人骚客的喜爱。荣西文中提到的有张华、白居易等人。事实上，关于文人与茶的故事在民间流传甚多。中唐时，坐镇河朔的田承嗣专横跋扈，不听朝廷号令。“大历十才子”之一的郎士元曾说：“郭令公不入琴，马镇西不入茶，田承嗣不入朝，可谓当今三不入。”马燧对“马镇西不

《藏云图》

（明）崔子忠　收藏于故宫博物院

诗人李白在画中盘腿端坐四轮车上行于山路，凝视头顶之云气，神态安闲。李白与杜甫合称『李杜』（『小李杜』则是李商隐、杜牧），有『诗仙』『诗侠』『酒仙』『谪仙人』等称呼。李白喜好作赋、剑术、奇书、神仙。天宝元年（742年），李白为供奉翰林。由于他桀骜不驯的性格，不到两年就离开了长安。安史之乱爆发后，李白曾做永王李璘的幕僚。永王触怒唐肃宗被杀后，李白也获罪入狱。在郭子仪的力保下，方得免死，改为流徙夜郎（今贵州桐梓）。后在途经巫山时遇赦。李白晚年在江南一带漂泊。上元三年（762年）十一月，李白病逝于寓所，终年六十一岁，葬当涂龙山（后根据其生前『志在青山』的遗愿，将其墓迁至当涂青山）。关于他的死，还有多种说法：李阳冰说病死；唐晚期诗人皮日休说李白是患『腐胁疾』而死；《旧唐书》记载饮酒过度而死；另有传说李白在舟中赏月，因下水捞月而死。由于这个传说，后人将李白奉为『诸水仙王』之一。李白写有《答族侄僧中孚赠玉泉仙人掌茶（并序）》。

王文公像

选自《芥子园画谱》共和书局石印本 （清）王概等

王安石，字介甫，号半山，谥号『文』，封荆国公，世称王荆公。熙宁变法时，王安石提出『天变不足畏，祖宗不足法，人言不足恤』，是为『三不足』之说。司马光曾致函让他不要用力过猛，自信太厚，王安石覆书抗议，二人从此画地绝交。熙宁七年（1074年），王安石第一次罢相。熙宁八年（1075年）二月，王安石回京复职，继续执行新法。同年十一月有彗星出现于天，曹太皇太后与高太后在宋神宗前哭泣说：『王安石乱天下。』神宗熙宁九年（1076年），王安石爱子王雱病逝，王安石求退金陵，潜心学问，不问世事。宋神宗驾崩后，司马光执政，尽废新法，『熙宁变法』以司马光的『元祐更化』结束。元祐元年（1086年），王安石在江宁府的半山园去世，宋哲宗赵煦追赠王安石为太傅，并命中书舍人苏轼撰写《王安石赠太傅》的『制词』。曾用长江翟塘中峡水煎烹阳羡茶治疗痰火之症。

入茶”的嘲笑非常不满。于是，特约郎士元到家中喝茶叙情，茶浓时以碗代盅，边煮边饮，马燧愈喝愈勇，而郎士元却肚胀如鼓，几次想起身告辞，都被马燧拦住，最后被迫承认自己讲马燧不入茶讲错了，方才脱身离开。把茶当酒斗，也只有马燧这样的武将想得出来。

唐代是诗歌发展最为昌盛的时期，因为文人多喜茶，便涌现了大批以茶为题材的诗篇。仅据《全唐诗》不完全统计，涉及茶事的诗作就有六百余首，咏茶的诗人达一百五十余人。天宝三年（744 年），李白因酒后得罪了杨国忠及高力士等权贵，不得已辞官还乡，在栖霞寺巧遇从荆州前来的宗侄僧人中孚。中孚禅师既通佛理又喜欢饮茶，以茶供佛，招待四方宾客。两人举茶论禅，指点江山。李白诗兴大发，挥笔写下了《答族侄僧中孚赠玉泉仙人掌茶（并序）》一诗。

《苏东坡像》

（元）赵孟頫　收藏于中国台北「故宫博物院」

《朱子像》

（明）郭诩

朱熹谥号『文』，又称朱文公。理学集大成者，尊称朱子。朱熹曾于建阳云谷结草堂『晦庵』，在此讲学，世称『考亭学派』，亦称考亭先生。宋高宗绍兴十八年（1148年）进士，历高宗、孝宗、光宗、宁宗四朝。庆元六年（1200年）三月初九午时病逝于建阳考亭之沧州精舍，寿七十岁。嘉定二年（1209年）诏赐谥曰『文』（称文公），累赠太师，追封信国公，后改徽国公，从祀孔子庙。

在宋代的著名诗人（词人）中，欧阳修、梅尧臣、范仲淹、苏东坡、黄庭坚、陆游、杨万里等名士都曾写过关于茶的诗歌。其中苏东坡所作《汲江煎茶》中的“大瓢贮月归春瓮，小杓分江入夜瓶”和《次韵曹辅寄壑源试焙新茶》中的“戏作小诗君勿笑，从来佳茗似佳人”等，都是千古名句。王安石老年时患有痰火之症，需用长江瞿塘中峡水煎烹阳羡茶治疗。王安石托苏东坡为自己找水，称“倘尊眷往来之便，将埋塘中峡水攒一瓮寄与老夫，则老夫衰老之年，皆子瞻所延也”。不久，苏东坡回乡省亲，归来时亲自带着采取的江水来见王安石。王安石汲水烹茶，将一小撮阳羡茶投入白瓷定窑碗中，候水如蟹眼，注入碗中，过了很久，碗中才现出茶色。王安石皱起眉头问苏东坡：“这水取于何处？”苏东坡答：“取自瞿塘中峡。”王安石说：“这肯定是瞿塘下峡的水，怎么能冒充中峡水呢？”苏东

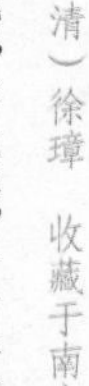

《倪瓒像》

（清）徐璋　收藏于南京博物院

倪瓒，字元镇，号云林子、幻霞生、荆蛮民。元代画家、诗人。『元四家』（倪瓒、黄公望、王蒙、吴镇）之一。倪瓒善画水墨山水画，创造『折带皴』，是平远画法的典型。倪瓒好饮茶，特制『清泉白石茶』。宋朝贵族遗少赵行恕来访，倪瓒用此等好茶招待。赵行恕却觉得此茶不怎么样。倪瓒很生气，道：『吾以子为王孙，故出此品，乃略不知风味，真俗物也。』遂与之绝交。

坡大惊，忙请教王安石是怎样看出破绽的。王安石说："虽然都是瞿塘之水，但上峡之水性急，下峡则太缓，只有中峡水缓急相半。用上峡水煎茶味太浓，下峡水煎则又显淡，只有中峡水才恰到好处。刚才煎茶时茶色半晌方出，一看就知道是下峡水了。"苏东坡对王安石的辨水水平大为叹服。南宋朱熹生于嗜茶世家，其父朱松爱茶成癖。受父亲的影响，朱熹在武夷山创办书院期间，也把品茗怡性当作一件不可或缺的事务。他曾在建阳县茶坂构筑草堂三间，躬耕田亩，种茶自娱。由他亲手培植的茶树，被人称为"文公茶"，为武夷山名茶之一。

元代与黄公望、吴镇、王蒙一起被并称为"元四家"的画家倪瓒也是一位嗜茶的雅士。据明代茶家顾元庆《云林遗事》记载，倪瓒为了求得一种香味独特的上好茶叶，曾特地在旭日初升时，将选好的茶叶放入池塘含苞初绽的带露莲花瓣中，然后用麻线将莲花绑好，经过一夜的自然熏染，次日清晨再将吸取莲香的茶叶取出，在太阳下晒干。

《唐寅像》

（清）华嵒

唐寅，明代著名画家、文学家。字伯虎，又字子畏，以字行，号六如居士、桃花庵主、逃禅仙吏等。『吴中四才子』之一，在画史上又与沈周、文徵明、仇英合称『明四家』或『吴门四家』。唐寅作品以山水画、人物画闻名于世。嘉靖二年（1523年）去世，葬在桃花坞北，身后仅遗一女。唐寅喜茶，有《事茗图》《品茶图》传世。

这样反复操作多次，倪瓒终于得到了一种清爽怡神的新茶种，并取名为“莲花茶”。

明代画家唐寅爱茶又喜酒，闲来品茶、愁来饮酒是他对生活的基本态度。唐寅一生创作了许多茶画，《事茗图》中品茗弹琴的惬意，《品茶图》中一老一少的闲适，《烹茶图》中飘逸洒脱的意境，《慧山竹炉图》中散淡之间的情趣等，无不体现了唐寅对饮茶之举的认知和感悟。除以上画作外，唐寅创作的以茶为题的画作还有《煎茶图》、《斗茶图》和《煮茶图》等，都是中国古代画作中不可多得的精品。

清代郑燮、陈章、曹廷栋、张日熙等的咏茶诗也多为那个时代的著名诗篇。“扬州八怪”之一的汪士慎亦精通品茗，有“茶仙”之誉。汪士慎曾为朋友画过一幅《乞水图》，画中一老翁持瓮请求主人赠他以雪水，以便烹茶。“扬州八怪”之一的高翔专门为汪士慎绘了一幅《煎茶图》。

文人与茶

中国的古文化历史悠久，茶文化在其中占有重要的地位。作为茶文化的一个组成部分，茶画、茶诗、茶词则是一道意境优美而深远的独特风景。中国古代的文人名士大多爱茶、嗜茶，在文人们的众多雅事中，煮茶品茗，怡情治性，又被认为是雅中之大雅。

《撵茶图》

（宋）佚名／原作 此为明人摹本 收藏于中国台北『故宫博物院』

《煮茶图》

（宋）刘松年 收藏于中国台北『故宫博物院』

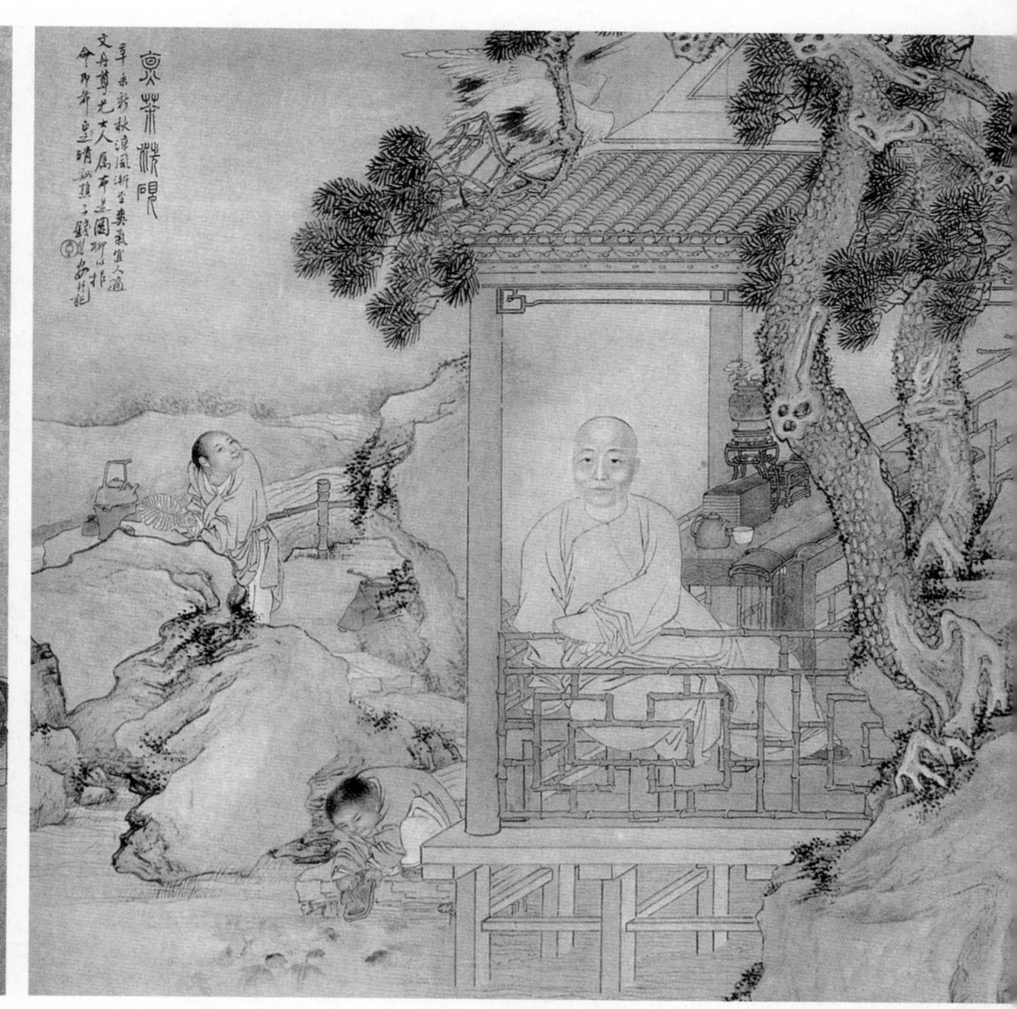

《烹茶洗砚图》

（清）钱慧安　收藏于上海博物馆

《品茶图》

（明）陈洪绶

《煮茶图》
（明）陈洪绶

《惠山茶会图》
（明）文徵明　收藏于故宫博物院

《卢仝烹茶图》

（宋）刘松年　收藏于故宫博物院

图中描绘了卢仝得好友朝廷谏议大夫孟荀送来的新茶，并当即烹尝的情景。卢仝是唐代诗人，自号玉川子，范阳（今河北涿县）人，家境贫穷仍刻苦读书，不愿入仕，以好饮茶誉世。《卢仝烹茶图》中头顶纱帽，身着长袍，仪表高雅，悠闲席地而坐的当为卢仝。

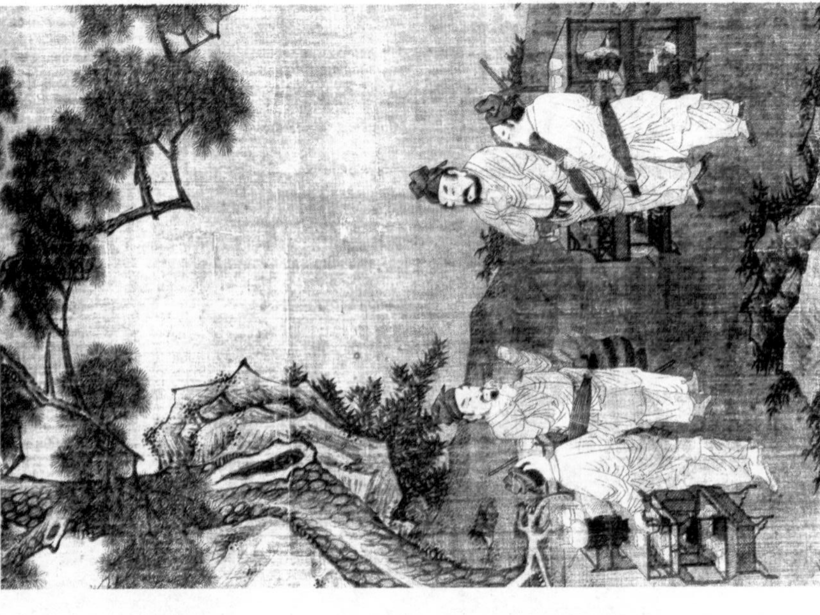

《斗茶图》

（宋）刘松年　收藏于中国台北『故宫博物院』

《玉川先生煮茶图》

（清）金农　收藏于中国台北『故宫博物院』

图中的玉川先生指的是唐代卢仝，与陆羽齐名，著有诗作《走笔谢孟谏议寄新茶》，人称『玉川茶歌』，亦称『七碗茶歌』。

妙玉品茶

选自《十二金钗图》册　（清）费丹旭

收藏于故宫博物院

《卖浆图》

（清）姚文瀚　收藏于中国台北『故宫博物院』

《烹茶图》（局部）
（近代）吴昌硕　收藏于中国美术馆

《竹院品古图》
（明）仇英　收藏于故宫博物院

《茶具十咏图》

（明）文徵明　收藏于故宫博物院

上半幅有自题《茶具十咏》。

《茗茶待品图》

（清）任伯年　收藏于中国美术馆）

《松溪品茗图》

（明）陈洪绶

【原文】

三、明茶功能

《吴兴记》[①]曰：乌程县西有温山，出御荈。（御言供御也，贵哉！）

《宋录》[②]曰：此甘露也，何言荼茗焉？

《广雅》[③]曰：其饮茶，醒酒，令人不眠。

《博物志》[④]曰：饮真茶，令少眠。（以眠令人昧劣也，亦眠病也。）

《神农食经》[⑤]曰：荼茗，宜久服，令人有【力】，悦志。

《本草》[⑥]曰：茶味甘苦，微寒，无毒，服即无瘘疮也。小便利，睡少，去疾渴，消宿食。（一切病发于宿食，宿食消，故无病也。）

华佗《食论》[⑦]曰：茶久食，则益意思。（身心无病，故益意思。）

《壶居士食忌》[⑧]曰：茶久服羽化，与韭同食，令人身重。

陶弘景《新录》[⑨]曰：吃茶轻身，换骨苦。（骨苦即脚气也。）

《桐君录》曰：茶煎饮，令人不眠。（不眠则无病也。）

杜育《荈赋》[⑩]曰：茶调神和内，倦懈康除。（内者，五内也，五脏之异名也。）

张孟阳 《登成都楼》[⑪]诗曰：芳茶冠六清，溢味播九区。人生苟安乐，兹土聊可娱。（六清者，六根也。九区者，汉也，谓九州。区者域也。）

《本草拾遗》[12]曰：皋卢苦平，作饮止渴，除疫，不眠，利水道，明目。出南海诸山，南人极重。（除瘟疫病也。南人者，谓广州等人。此州瘴热地也，瘴，此方云赤虫病也。唐都人补任[13]到此，则十之九不归。食物味美难消，故多食槟榔子，吃茶，若不吃，则侵身也。日本则寒地，故无此难。而尚南方熊野山[14]，夏不登涉，为瘴热地故也。）

《天台山记》[15]曰：茶久服生羽翼。（以身轻故云尔。）

《白氏六帖·茶部》[16]曰：供御。（供御，非卑贱人食用也。）

《白氏文集》[17]诗曰：午茶能散眠。（午者，食时也，茶食后吃，故云午茶。食消则无眠也。）

白氏《首夏》[18]诗曰：或饮一瓯茗。（瓯者，小器，茶盏之美名也，口广底狭也。为令茶久而不寒，器之底狭深也。）

又曰：破眠见茶功[19]。（吃茶则终夜不眠，而明目，不苦身矣。）

又曰：酒渴春深一杯茶[20]。（饮酒则喉干，引饮，其时唯可吃茶，勿饮他汤水等，饮他汤水必生种种病故耳。）

《劝孝文》[21]云：孝子唯供亲。（言为令父母无病长寿也。）

宋人歌云：疫神舍驾礼茶木。（《本草拾遗》云：上汤除疫。）

贵哉茶乎，上通诸天境界，下资人伦，诸药各治一病，唯茶能治万病而已。

【注释】

① 《吴兴记》：南朝宋山谦之撰，早已佚失。古吴兴郡，治所在乌程县，今属浙江省湖州市。此句转引自《太平御览》。原文括号内为荣西注语，下同。

② 《宋录》：作者不详，书早佚失。《太平御览》卷八六七《饮食部》："《宋录》曰：新安王子鸾、豫章王子尚，诣昙济道人于八公山，道人设茶茗，尚味之曰：此甘露也，何言茶茗焉？"书中所记为南朝人物。

③ 《广雅》：三国魏时张揖撰，是《尔雅》的续篇，收词范围更广，故称《广雅》。查通行本《广雅》并无此句文字。荣西转引自《太平御览》卷八六七《饮食部》："《广雅》曰：荆巴间采茶作饼，成以米膏出之。欲饮先炙令色赤，捣末置瓷器中，以汤浇覆之，用葱、姜芼之。其饮醒酒，令人不眠。"

④ 《博物志》：西晋张华（232—300 年）编撰，分类记载了山川地理、飞禽走兽、人物传记、神话古史、神仙方术等。查《博物志 · 食忌》原文是："饮真茶，令人少眠。"荣西此句转引自《太平御览》卷八六七《饮食部》："《博物志》曰：饮真茶，令少眠睡。"

⑤ 《神农食经》：此书作者及成书情况不详，已佚失。此句转引自《太平御览》卷八六七《饮食部》，"力"字竹苞楼本缺，据他本补。

⑥ 《本草》：古代药书的习惯用名。本句转引自《太平御览》卷八六七《饮食部》《神农食经》条下："又曰：茗，苦茶，味甘苦，微寒，无毒，主瘘疮，利小便，少睡，去痰渴，消宿食……"

⑦ 华佗《食论》："华佗"竹苞楼本作"华他"，显误。《食论》成书情况不详，已佚失。本句转引自《太平御览》卷八六七《饮食部》："华佗《食论》曰：苦茶久食，益意思。"

⑧ 《壶居士食志》：此书不详。本句转引自《太平御览》卷八六七《饮食部》："《壶居士食志》曰：苦茶久食羽化，与韭同食，令人身重。""食志"有本作"食忌"。羽化：道家名词，指飞升成仙。

⑨ 陶弘景《新录》：陶弘景，南朝梁时丹阳秣陵（今南京）人，

著名医药家、炼丹家、文学家，人称“山中宰相”，著作有《本草经集注》等。《新录》一书不详。本句转引自《太平御览》卷八六七《饮食部》：“陶弘景《新录》曰：茗茶轻身换骨，丹丘子、黄山君服之。”荣西此处说吃茶可“换骨苦”，并注骨苦即脚气。此处脚气是古代中医病名，与现在所说的脚气（足癣、臭脚）不同，详见本书下卷“脚气病”一节。

⑩ 杜育《荈赋》：杜育，字方叔，襄城邓陵（今河南襄城）人，《晋书・贾谧传》有载，著有《杜育集》（已佚失）。《荈赋》见于《艺文类聚》《北堂书钞》《太平御览》及清人严可均所辑《全晋文》等，内容不一。据韩格平等人《全魏晋赋校注》一书考证，有“调神和内，倦解慵除”一句。荣西引自《太平御览》。

⑪ 张孟阳《登成都楼》：张孟阳，名载，字孟阳，西晋文学家，竹苞楼本缺“阳”字，迳补。《汉魏六朝百三家集・张孟阳集》有《登成都楼》长诗一首，末即本文所录诗句。六清：即六饮，《周礼・天官・膳夫》：“凡王之馈……饮用六清。”郑玄注：“六清，水、浆、醴、醇、醫、酏。”孙诒让正义：“此即浆人之六饮也。”后用以泛指饮品。

⑫ 《本草拾遗》：唐代陈藏器撰，书早已佚失。本句转引自《太平御览》卷八六七《饮食部》：“《本草拾遗》曰：皋芦，茗，作饮，止渴，除疫，不睡，利水道，明目。生南海诸山中，南人极重之。”据尚志钧辑本《本草拾遗》：“皋芦叶，味苦，平。作饮，止渴，除痰，不睡，利水，明目。出南海诸山，叶似茗而大，南人取作当茗，极重之。”

⑬ 补任：补为补缺，任为简任，均为古代任官名词。清代昭梿《啸亭续录・姚中丞》：“凡州县候补署篆者，皆以弥补亏空之多寡为补缺先后，故人皆踊跃从事。”《后汉书・申屠刚传》：“皇太子宜时就东宫，简任贤保，以成其德。”

⑭ 熊野山：位于日本纪伊国东牟娄郡，今在和歌山县南部，以山中有熊野坐神社、熊野速玉神社、熊野牟须美神社等三宫鼎立，故又称熊野三山。

⑮ 《天台山记》：唐朝徐灵府撰，查《天台山记》各本并无“茶久服生羽翼”一句，荣西转引自《太平御览》卷八六七《饮食部》：“《天台山记》曰：丹丘出大茗，服之生羽翼。”据说此句见于晚唐五代温庭筠《采茶录》：“天台丹丘出大茗，服之生羽翼。”但查《采茶录》残篇无此句文字。

⑯ 《白氏六帖·茶部》：即白居易《白氏六帖事类集》，“供御”在该书第五卷“茶第六”中。

⑰ 《白氏文集》：白居易的诗文集，又称《白氏长庆集》。“午茶能散眠”诗题为《府西池北新葺水斋即事招宾偶题十六韵》，其句原文为：“午茶能散睡，卯酒善销愁。”

⑱ 白氏《首夏》：即白居易《首夏病间》诗，这句是：“或饮一瓯茗，或吟两句诗。”

⑲ 破眠见茶功：此句见白居易《赠东邻王十三》诗句：“驱愁知酒力，破睡见茶功。”

⑳ 酒渴春深一杯茶：此句见白居易《早服云母散》诗句：“药销日晏三匙饭，酒渴春深一碗茶。”

㉑ 《劝孝文》：竹苞楼本作“观孝文”，应为误，宋代宗赜禅师著有《劝孝文》。

【译文】

三、了解茶的功能

山谦之《吴兴记》记载：乌程县西部有温山，出产御荈。（荣西点评：“御”是说供皇帝用的，很高贵呀！）

《宋录》记载：这真是甘露啊，为什么叫作茶和茗呢？

张揖《广雅》记载：喝茶能醒酒，让人不睡觉。

张华《博物志》记载：喝好茶，让人减少睡眠时间。（荣西点评：一味地睡眠会让人昏昧顽劣，贪睡也是一种病。）

《神农食经》记载：茶茗宜于长期服用，让人有力气，感到快乐。

《本草》记载：茶的味道既甜又苦，性微寒，无毒，服用后不生瘘疮，小便畅通，睡眠减少，去除疾渴，消化宿食。（荣西点评：一切的病都源于宿食，宿食消化掉了，就不患病。）

华佗《食论》记载：长期喝茶就能增加精力。（荣西点评：身心不生病，所以增加精力。）

《壶居士食志》记载：长期喝茶能羽化飞升。若与韭菜同吃，则让人身体沉重。

陶弘景《新录》记载：吃茶能使身体变轻，脱胎换骨。

《桐君录》记载：茶煎煮后饮用，能使人不睡眠。（荣西点评：不睡眠就不生病。）

杜育《荈赋》有句：茶能调整神志，安和内脏，解除疲倦慵懒。（荣西点评：所谓"内"，指五内，五脏的异名。）

张孟阳《登成都楼》诗有句："芳茶冠六清，溢味播九区。人生苟安乐，兹土聊可娱。"（荣西点评：所谓六清，就是六根。九区，指中国的九州。区是区域。）

陈藏器《本草拾遗》记载：皋卢，味苦，性平和，作为饮品能止渴、除疫病、令人不睡、通小便、明目。茶生于南海的群山中，南方人极为重视它。（荣西点评：它能解除瘟疫。南方人指广州等地的人。广州是瘴热的地方，瘴，广州这个地方叫赤虫病。中国都城的人被委任到了此地之后，十分之九就回不去了。这里的食物味道鲜美，但难以消化，所以多吃槟榔子，吃茶。如果不吃，就会侵害身体。日本是寒冷的地方，所以没有这种灾难。如果是日本南方的熊野山，夏天不能去，因为那里也是瘴热之地。）

徐灵府《天台山记》记载：长期饮茶能生出翅膀。（荣西点评：因为身体变轻了，所以这样说。）

白居易《白氏六帖事类集·卷第五·茶第六》记载：茶是供皇帝御用的。（荣西点评：不是卑贱之人所能饮用的。）

白居易的诗文集中有诗题为《府西池北新葺水斋即事招宾偶题十六韵》，其中一句："午茶能散睡，卯酒善销愁。"（荣西点评：午指吃午饭的时间，饭后吃茶，所以称为午茶。喝茶可以帮助食物消化，这样就不困倦了。）

白居易《首夏病间》诗，其中一句是："或饮一瓯茗，或吟两句诗。"（荣西点评：瓯是一种小茶具，就是茶盏的别名，口大底小。为了不让茶放久了变凉，茶盏的底部小而深。）

白居易又有《赠东邻王十三》诗，其中一句是："驱愁知酒力，破睡见茶功。"（荣西点评：吃茶就彻夜不眠，而且明目，身体无痛苦。）

白居易又有《早服云母散》诗，其中一句是："药销日晏三匙饭，酒渴春深一碗茶。"（荣西点评：饮酒则喉咙干渴，喝饮品解渴的话，只可吃茶，不要喝别的汤水之类，假如喝了别的汤水，必然生出各种疾病。）

《劝孝文》一书中说：孝子就得供养双亲。（荣西点评：意思是说设法让父母不生病，而且长寿。）

宋人歌谣说：疫神离开座驾来礼拜茶树。（荣西点评：《本草拾遗》指出，上等汤药可除疫病。）

茶真是可贵啊，它上可通诸天境界，下可帮助人类，各种药物只能治一种病，只有茶能治万病。

D
C
B.
C

采茶时节

首先需要说明的是，《旧唐书》所载江苏、四川在冬季制茶，这是不符合时令的，可能当时采用了温室培植的办法，劳民伤财。

长江流域四季较为分明，采茶时间应在清明、谷雨之后，岭南地区则不属于这种气候。陆羽《茶经·三之造》记载了我国古代的采茶时期："凡采茶，在二月、三月、四月之间。"唐代使用的是现在的农历，也就是公历的三、四、五月是采茶的时间。唐宋时，一年中只采春茶，而夏秋茶留养不采。明代以后才开始采摘夏秋茶。宋朝的时候，采摘茶叶的时间都是由官府制定的，哪天上山，何时收工，都有明确的时间规定。最讲究的是谷雨茶，也就是雨前茶，是谷雨时节采制的春茶，又叫二春茶。谷雨茶除了嫩芽外，还有一芽一嫩叶的或一芽两嫩叶的。一芽一嫩叶的茶叶泡在水里像古代展开旌旗的枪，被称为旗枪；一芽两嫩叶则像一个雀类的舌头，被称为雀舌。谷雨茶与清明茶，同为一年之中的佳品。

《茶花图》（宋）佚名

唐代温庭筠著《采茶录》，原三卷，可惜遗失，现在只剩残篇。元代陶宗仪编《说郛》时，将《采茶录》作为专书收录，实仅六则，内容大多为前人与茶有关的故事。

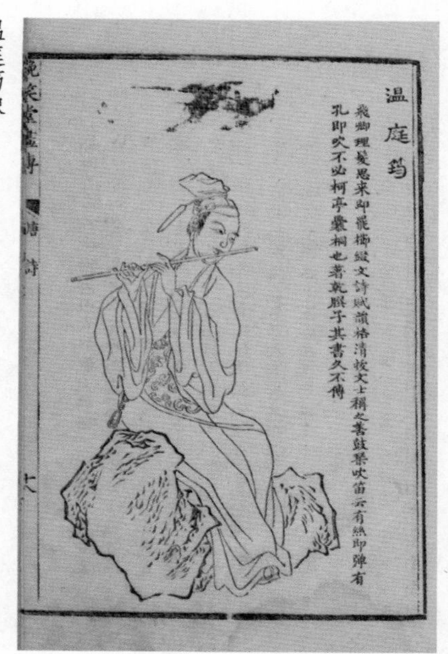

温庭筠像

选自《晚笑堂竹庄画传》清刊本　（清）上官周

温庭筠，又名岐，字飞卿，太原祁（今山西祁县）人。花间派词人，精通音律，词风浓绮艳丽。当时与李商隐、段成式齐名，号称『三十六体』。由于形貌奇丑，因号『温钟馗』。晚唐考试律赋，八韵一篇，温叉手一吟便成一韵，八叉八韵即告完稿，故时人亦称为『温八叉』。温庭筠生性傲慢，喜讥讽权贵，在政治上郁郁不得志，屡试进士不第，官仅至国子监助教。温庭筠喜好品茶，曾著《采茶录》一书。温庭筠的《西陵道士茶歌》是一首品茶诗，诗写西陵道士在山洞里饮茶读《黄庭经》，神思接近仙界的情形。

宋朝苏辙《论蜀茶五害状》中还有采秋老黄茶的记载。明代许次纾《茶疏》中专有《采摘》章节，记载了除传统采摘春茶、夏茶外，秋茶也可采摘。

古代对采茶的人也有各种分工与分类。采茶姑娘在采茶时，经常一边采茶一边唱歌，因此，在茶乡有“手采茶叶口唱歌，一筐茶叶一筐歌”之说。采茶歌也在各地流行，有的还发展为戏曲。另外，宋代茶仪已成礼制，赐茶已成皇帝笼络大臣、眷怀亲族的重要手段，还赐给外国使节。民间将聘金称为“茶仪”，意为男家对女方父母育女之恩的感谢。茶仪以茶担为单位，双方通过媒人两头奔走，定下担数，然后按市价换算成现款或者其他相应的硬通货。订婚时要“下茶”，结婚时要“定茶”，同房时要“合茶”。

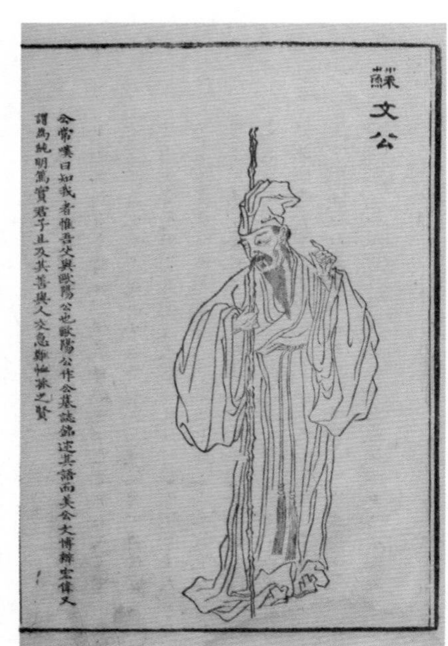

苏文定公像

选自《晚笑堂竹庄画传》清刊本 （清）上官周

苏辙，字子由，一字同叔，晚年自号颍滨遗老，眉州眉山（今四川眉山市）人。苏洵之子、苏轼之弟。苏家父子三人，均在『唐宋八大家』之列，人称『三苏』，苏辙则是『小苏』。嘉祐二年（1057年），年方十九岁的苏辙与兄苏轼同登进士，轰动京师，不久母丧，返乡服孝。嘉祐六年（1061年）兄弟二人又同举制科。崇宁三年（1104年），隐居许州（今河南省许昌市）颍水之滨，自号颍滨遗老，读书学禅度日。作有《和子瞻煎茶》：『年来病懒百不堪，未废饮食求芳甘。煎茶旧法出西蜀，水声火候犹能谙。相传煎茶只煎水，茶性仍存偏有味。君不见，闽中茶品天下高，倾身事茶不知劳。又不见，北方俚人茗饮无不有，盐酪椒姜夸满口。我今倦游思故乡，不学南方与北方。铜铛得火蚯蚓叫，匙脚旋转秋萤光。何时茅檐归去炙背读文字，遣儿折取枯竹女煎汤。』

献茶也逐渐成为民众的一种礼仪，迁徙时，邻里要“献茶”；有客来，要敬“元宝茶”；长辈出远门时献茶；拜师时也要献茶……

日本也有献茶的民俗。十六世纪末日本封建领主丰臣秀吉在近江国伊吹山打猎的时候，到米原观音寺小憩喝茶，当时石田三成还是寺里出家的小沙弥。三成第一次献上一大碗温茶，接着用一个小点儿的碗献上一碗稍微热些的茶，最后用小茶碗献上热茶，让丰臣秀吉先用温茶解渴，然后慢慢品味热茶，丰臣秀吉被三成小小年纪便有这般智慧折服，于是招募其成为自己的家臣。这便是有名的“三献茶”。这个故事与中国大理白族“三道茶”中的“头苦、二甜、三回味”相似。

《采茶歌》年画

收藏于英国大英博物馆

采茶歌在赣南山区尤为盛行，其演唱形式比较简单，先是一人干唱，无伴奏，后来发展成为以竹击节、一唱众和的『十二月采茶歌』的联唱形式，这是将采茶歌引入庭院户室演唱的开始。『十二月采茶歌』主要有三种形式：一是『顺采茶』，从正月唱到十二月；二是『倒采茶』，从十二月唱到正月；三是『四季茶』，唱一年的春夏秋冬。演唱时，舞者口唱『茶歌』，手提『茶篮』作道具，载歌载舞，从而形成具有独特风格的采茶灯，俗称『茶篮灯』。后来，这种表演已不局限于表现『茶』，而出现了大批生活小戏，便成了『采茶戏』。

日本镰仓时代武士护甲

丰臣秀吉因侍奉织田信长而崛起，自室町幕府瓦解后再次统一日本。石田三成为丰臣政权的五奉行之一（奉行是日本平安时代至江户时代的一种官职。丰臣秀吉当权时，其下设有多种奉行，负责佐理政务，其中有五位奉行特别重要，相当于丰臣秀吉的特任政务官，一般合称五奉行）。丰臣秀吉经常举办茶会，最著名的是北野大茶会。茶会举办十天，只要热爱茶道，无论武士、商人、农民，只需携茶釜（茶具的一种，煮水的壶）一只、水瓶一个、饮品一种，即可参加。在秀吉的茶会上，众大名互相传递茶碗饮茶，日本越前国敦贺城主大谷吉继脸上的流脓滴入茶碗，别的大名感到恶心都不饮大谷拿过的茶碗，只有石田三成毫不介意，将茶一饮而尽，两人后来成了过命好友。大谷吉继后来出兵协助德川家康，被石田三成劝说，反而举兵与德川家康对抗，失败后剖腹自尽。大谷吉继留下遗言：『重友情，六道轮回先行一步又何妨！』

唐代茶碗

从陆羽所著《茶经》的插图中可以看出，唐代饮的是饼茶，饮用时需经过炙、碾、箩三道工序。因为茶饼在存放中会吸潮，烤干了才能逼出茶香，炙时就要用夹子夹住饼茶，尽量靠近炉火，时时翻转，到水气烤干为止。烤干后，用碾将饼茶碾碎，将碎茶末用筛子过箩后才能煮用。唐代茶具主要有碗、瓯（中唐时期一种体积较小的茶盏）、执壶、杯、釜、罐、盏、盏托、茶碾等。

瓷釉茶碗
收藏于美国纽约大都会艺术博物馆
直径 10.8 厘米

瓷釉茶碗
收藏于美国纽约大都会艺术博物馆
5.4 厘米 × 20.3 厘米

花鸟釉茶碗
收藏于美国纽约大都会艺术博物馆
直径 14 厘米

随着茶的流行，茶具也发展迅速。茶具在古代亦称茶器或茗器，最早的茶壶使用金、银、玉等材料制成。陕西省扶风县法门寺博物馆保存着一套完整的唐朝皇帝用的纯金茶具。据唐文学家皮日休《茶具十咏》记载，茶具种类有“茶坞、茶人、茶笋、茶籝、茶舍、茶灶、茶焙、茶鼎、茶瓯、煮茶”。其中“茶坞”指种茶的凹地，“茶人”指采茶者。这些已经不单纯是茶具了。皮日休此处已经不单指茶壶、茶杯，他所说的茶具包括了采茶、制茶、贮茶、饮茶等所有环节。宋代《茶具图赞》列出了十二种茶具。明太祖第十七子朱权所著的《茶谱》中列出十种茶具，即茶炉、茶灶、茶磨、茶碾、茶罗、茶架、茶匙、茶筅、茶瓯、茶瓶。茶具随着饮茶方式的改变而变化，明代以后，逐渐成为现在的样子。

五代茶碗
收藏于美国纽约大都会艺术博物馆
直径 27 厘米

琉璃釉茶碗（瑶州制）
收藏于美国纽约大都会艺术博物馆
4.4 厘米 × 15.2 厘米

THE STORY OF TEA

The most delicate flavor of tea leaves come from bushes grown on t high mountain tops The farmers a transplanting the young bushes on a mounta in the early spring time.

說茶

茶葉中味之至美者皆採自生長於高山上之叢林也在早春之際農民皆已移植幼樹於山上焉

The men are working busy to c the heavy green leaves from the ga to their home, where the long proc of manufacturing is taking on.

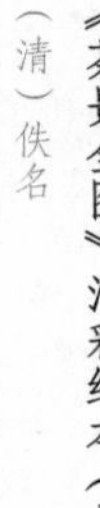

男人忙於挑運重量之綠葉由園到家製茶之長期過程卽在其家中云

The sorted leaves are putt he on large bamboo trays, placed in the sunshine, and then the long drying process begins. Both "green" and "black" tea are made from the same leaves; only the drying process is different.

所選之茶葉放諸大竹筐
置諸於烈日之下而開始
長期曬乾之法也綠茶紅
茶皆爲同種之茶葉所製
成其所以異者即晒工之
不同也

In China, all members of the family help in preparing the tea for market. The women here are plucking the leaves. The "two leaves and a bud" at the end of a branch make the most delicate tea. The small baby is also taken to the tea garden, for there is no body at home to take care of him.

中國風俗全家之人應互
相幫助辦茶應市婦女亦
當往採茶葉生在枝端之
兩葉及其嫩芽皆爲最美
味之茶雖係嬰孩亦須携
至茶園蓋乏人在家照料
也

《茶景全图》清彩绘本（部分）

（清）佚名

清末民初时期茶叶采摘和制作流程。值得一说的是，此时关于茶叶制作的方式已经与宋代完全不同。

【原文】

四、明采茶时

《茶经》曰：凡采茶，在二月、三月、四月之间。

《唐史》(原文为《宋录》) 曰：大和七年正月，吴蜀贡新茶，皆冬中作法为之。诏曰：所贡新茶，宜于立春后造。[①]（意者，冬造有民烦故也。自此以后，皆立春后造之。）

《唐史》曰：贞元九年春，初税茶。[②]

茶美名早春，又曰芽茗，即此义也。宋朝比采茶作法，天子上苑中有茶园，元三之间，多集下人令入园中，言语高声，徘徊往来。则次日茶牙萌一分二分。以银镊子采之，而后作蜡茶[③]，一匙之直至千贯矣。

【注释】

① 所贡新茶，宜于立春后造：此句当引自《太平御览》卷八六七《饮食部》："《唐史》曰……又曰：大和七年正月，吴蜀贡新茶，皆于冬中作法为之。上务恭俭，不欲逆其物性，诏所贡新茶，宜于立春后造。""大和"为唐文宗年号，大和七年即 833 年，故荣西原文"《宋录》"当为"《唐史》"。查《旧唐书·文宗本纪》，大和七年正月所记正与《太平御览》同。

② 贞元九年春，初税茶：此句当引自《太平御览》卷八六七《饮食部》："《唐史》曰……又曰：贞元九年春，初税茶。"贞元，唐

德宗年号，贞元九年即 793 年。查《旧唐书·德宗本纪》："九年春正月……茶之有税，自此始也。"

③ 蜡茶：即"腊茶""蜡面茶"，唐宋时福建所产名茶。《旧唐书·哀帝纪》："福建每年进橄榄子……虽嘉忠荩，伏恐烦劳。今后只供进蜡面茶，其进橄榄子宜停。" 宋代程大昌《演繁露续集·蜡茶》："建（建州）茶名蜡茶，为其乳泛汤面，与镕蜡相似，故名蜡面茶也。"

【译文】

四、了解采茶的时节

《茶经》载：采茶的时间，在二月、三月、四月之间。

《旧唐书》(原文为《宋录》) 载：大和七年正月，吴国、蜀国进贡的新茶，都是在冬季制作的。皇上提倡恭敬节俭，不想违逆事物的本性，因此下诏：以后进贡的新茶，要在立春之后制作。（荣西点评：我理解的意思是，冬天做茶烦扰百姓，所以皇帝下诏自此以后改在立春之后做茶。）

《旧唐书》载：贞元九年春，茶税征收，自此开始。

好茶叫作"早春"，又叫"芽茗"，就是这个意思——采摘的是嫩芽。宋朝的采茶法是这样的：皇宫的上苑中有茶园，在元月三日之内，多召集下人进入茶园，让他们在园里高声喧哗，到处来回走动。于是，到了第二天，茶就萌发出一二成嫩芽。用银镊子采摘下来，然后做成蜡茶。这种茶叶一匀的价格就可达到一千贯钱。

采茶要求

【导读】

这一节紧接上节，说的是采茶应注意天气情况。宋人对采茶条件的要求极高。首先是对时令气候的要求，即“阴不至于冻、晴不至于暄”的初春“薄寒气候”；其次是对采茶当日时刻的要求，宋徽宗赵佶《大观茶论》说：“撷茶以黎明，见日则止。”《北苑别录》载：“采茶之法须是侵晨，不可见日。晨则夜露未晞，茶芽肥润；见日则为阳气所薄，使芽之膏腴内耗，至受水而不鲜明。”陆羽提出生长在肥沃土壤里的粗壮新梢长到四五寸长时，可采摘，而生长在土壤瘠薄、草木丛中的细弱新梢，有萌发三枝、四枝、五枝的，可选择其中长得挺秀的采摘。唐代饼茶的制造过程是：蒸茶、解块、捣茶、装模、拍压、出模、列茶、晾干、穿孔、解茶、贯茶、烘焙、成穿、封茶。宋代的采制方法是：采茶、拣茶、蒸茶、洗茶、榨茶、搓揉、再榨茶再搓揉反复数次、研茶、压模（造茶）、焙茶、过沸汤、再焙茶过沸汤反复数次、烟焙、过汤出色、晾干。荣西讲的是宋代茶的采制方法，至明代后，采摘后的茶叶搓、揉、炒、焙都与今天相差无几，饮茶方式也完全相同。

荣西入宋之前，留学僧南浦绍明将中国的径山茶宴带回日本，成为日本茶道的起源。《类聚名物考》记载：“茶宴之起，正元年中（1259年），驻前国崇福寺开山南浦绍明，入唐时宋世也，到径山寺谒虚堂，而传其法而皈。”径山寺位于杭州城西北约五十公里处，初建于唐代，南宋时规模庞大，有僧一千七百余名。径山寺茶宴在南宋时非常讲究，包括张茶榜、击茶鼓、恭请入堂、上香礼佛、煎汤点茶、行盏分茶、说偈吃茶、谢茶退堂等十多道仪式程序。

准备茶的年轻女子

[日]三木遂赞　收藏于美国纽约大都会艺术博物馆

中国径山茶宴进入日本之后，日本根据自己的民族特点，进一步发展成日本茶道。最著名的是千宗旦之子所创设的三个流派：表千家流的不审庵、里千家流的今日庵以及武者小路千家流的官休庵，合称“三千家”。

日本茶道文化发展到今天已有一套固定的规则和复杂的程序和仪式。与中国现在的茶道相比，日本仪式的规则更严格。如入茶室前要净手，进茶室要弯腰、脱鞋，以表谦逊和洁净。当然，这些都是从中国古代学来的。中国唐宋禅寺中专门设有“茶寮”（日本称为茶室），以供僧人吃茶。中国文人对茶寮的要求更为高雅。明代学者陆树声著有《茶寮记》一书，在书中记叙了自己在适园中建了一座小茶寮，与两位僧人在茶寮里烹茶品饮，其乐无穷。明代文徵明曾孙文震亨的茶寮很豪华，在其所著的《长物志》中，对茶寮做出了详细的定制："构一斗室，相傍山斋，内设茶具，教一童专主茶役，以供长日清谈，寒宵兀坐。"高濂在《遵生八笺》中谈到茶寮定制："侧室一斗，相傍书斋，内设茶灶一，茶盏六，茶注二，余一以注热水。茶臼一，拂刷净布各一，炭箱一，火钳一，火箸一，火扇一，火斗一，可烧香饼。茶盘一，茶橐二，当教童子专主茶役，以供长日清谈，寒宵兀坐。"许次纾（《茶疏》作者）的茶寮很简洁，没有茶童。

日本茶道的"茶室"又称"本席""茶席"，为举行茶道的场所，由茶室本身、水屋、门廊和连接门廊与茶室的雨道组成，因其外形与日本农家的草庵相同，且只使用土、砂、木、竹、麦千等材料，外表也不加任何修饰，而又有"茅屋""空之屋"等称呼。相传在千利休之前，茶室入口是普通的日式拉门，千利休受渔船上船舱的启发，将茶室入口改为跪行而入的小入口，规定为用两块半的旧木板拼成，无论何人进入茶室前都只能躬腰曲膝而入，其意是以身体力行的方式来体验无我的谦卑。茶室分为床间、客、点前、炉踏达等专门区域，室内设置壁龛、地炉和各式木窗，一侧布"水屋"，供备放煮水、沏茶、品茶的器具和清洁用具之用。床间挂名人字画，其旁悬竹制花瓶，瓶中插花，插花品种视四季而不同。

千宗旦像

选自《肖像集》［日］栗原信充

千家三代宗旦流（三千家）的祖先。十岁时，千宗旦因祖父千利休的期望而作为乞食托付给大德寺。自千利休在丰臣秀吉的命令下剖腹自尽之后，千家流派趋于消沉。直到千利休之孙千宗旦时期才再度兴旺起来，因此千宗旦被称为『千家中兴之祖』。千宗旦晚年隐居之后，千家流派开始分裂，最终分裂成三大流派，这就是『三千家』的由来。其中『表千家』的始祖为千宗旦的第三子江岭宗左。表千家为贵族阶级服务，他们继承了千利休传下的茶室，保持了正统闲寂茶的风格。千宗旦的小儿子仙叟宗室所创的『里千家』实行平民化，他们继承了千宗旦的隐居所『今日庵』。由于今日庵位于不审庵的内侧，所以不审庵被称为表千家，而今日庵则称为里千家。

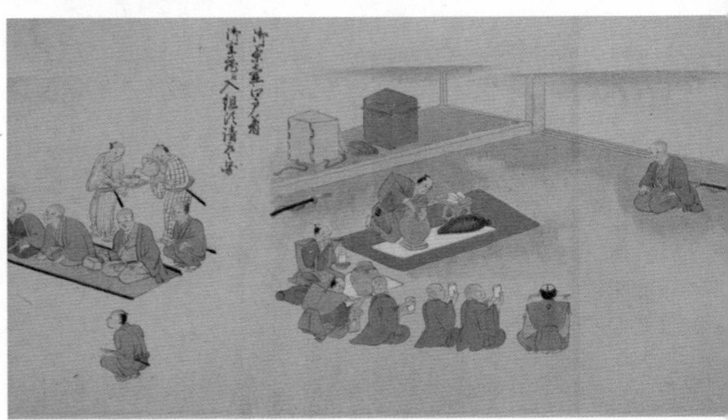

《御茶壶道中》

[日]粟田口桂羽

图中展示的『御茶壶奉献祭』源于丰臣秀吉举办的北野大茶会。之后，日本每年十二月一日在北野天满宫举办『献茶祭』。该年的茶叶采收后会事先封入茶壶中保存，到了此时再将茶壶口开封，故被称为『口切式』。参与奉献祭仪式的茶师们来自木幡、宇治、菟道、伏见桃山、小仓、八幡、京都、山城等地，皆为宇治茶产地的知名茶师与茶道名门。茶师各自将精选好的茶放入大型茶壶内，将茶壶再装在唐柜里，由两位身穿白装束的青年扛着走，每个地区的役夫前方还会安排一位『茶娘』。随从多达一百余人，将唐柜运往北里天满宫后，由神官在神前行过祓禊，将茶壶上贴着的封条切开，取出放在里面的各种茶叶供奉在神前，之后开始茶会。

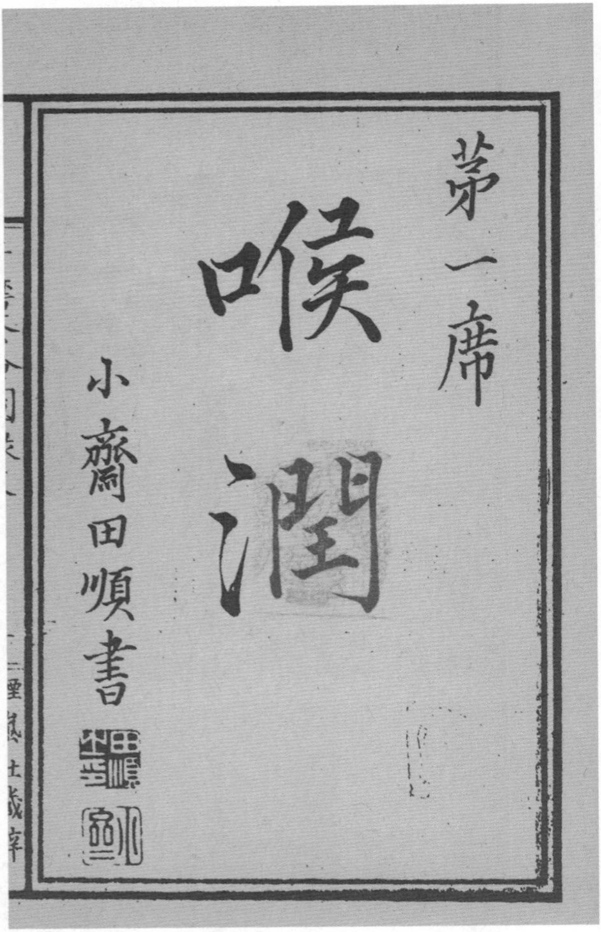

茶会

选自《青湾茶会图录》文久三年烟岚社刊本 ［日］田能村直入

日本明治时期开始出现大型茶会，会上设有十至数十个会场茶宴。茶席上装饰着各种各样的煎茶用具，初期仅展览一些字画，渐渐地展览内容扩展到了古铜器、陶瓷器、盆栽等。茶会之前，主人要首先确定主客，之后再确定陪客。客人的主次确定之后，便开始忙碌准备茶会。一般茶会的时间为四个小时，分为淡茶会（简单茶会）和正式茶会两种，正式茶会还分为『初座』和『后座』两部分。客人提前到达之后，在茶庭的草棚中坐下来观赏茶庭并体会主人的用心，然后入茶室就座，这叫『初座』。之后主人送上茶食，吃完后，客人到茶庭休息，此为『中立』。之后再次入茶室，这才是『后座』。图为明治时期著名绘画大师田能村直入举行的大陂青湾茶会。他在《青湾茶会图录》的序文中说，此茶会是为了纪念日本煎茶始祖『卖茶翁』高游外逝世一百周年而举行的。

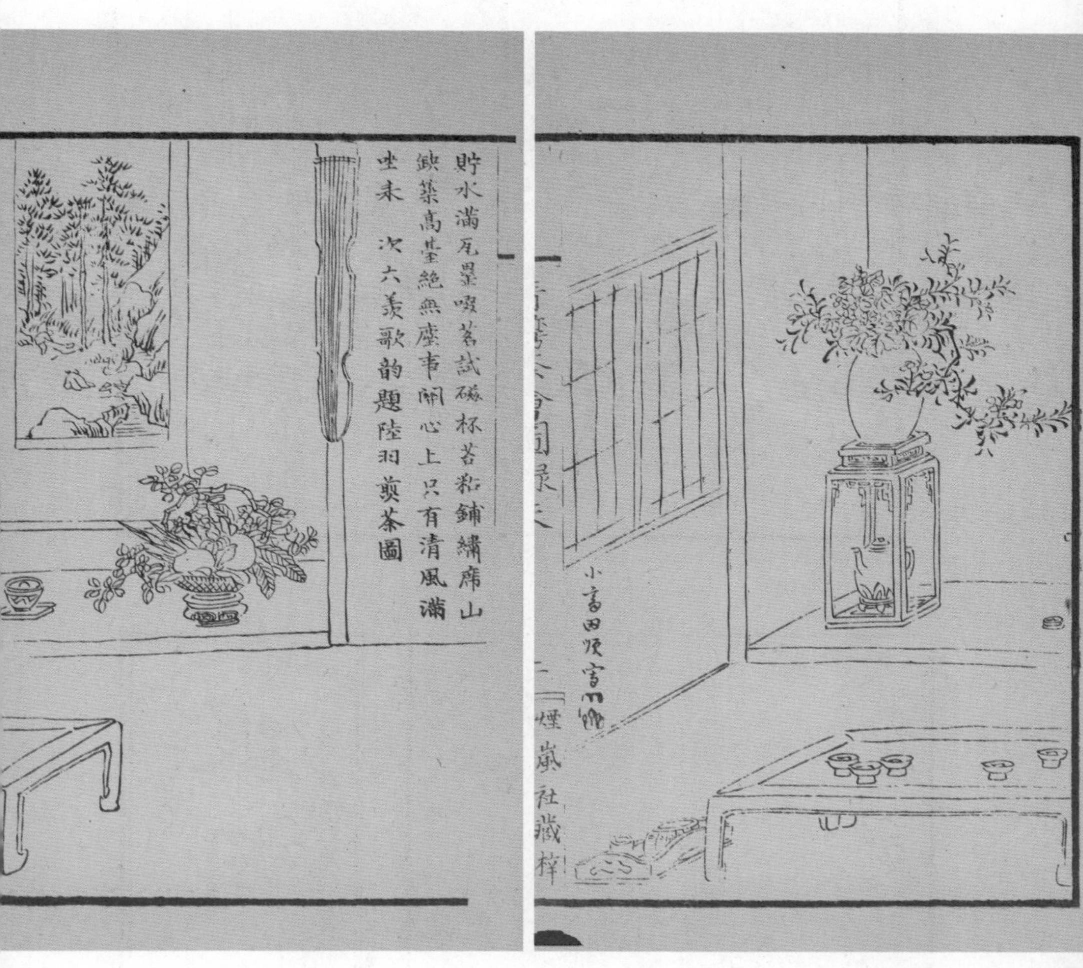

貯水滿瓦罌啜茗試磁杯苔點鋪繡席山
缺築高臺絕無塵事鬧心上只有清風滿
坐來　次六羨歌韵題陸羽煎茶圖
小窗田硯寫
煙嵐社藏梓

大長精舍
景殊幽閑
得北窓臨
瀫流舟陸
徃来茶會
客謝他對
我最青眸

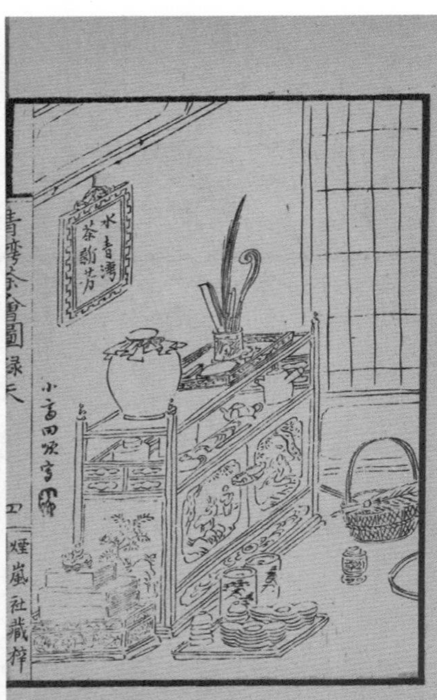
煙嵐社藏梓

煙嵐社藏梓

破悶
煙嵐社藏梓

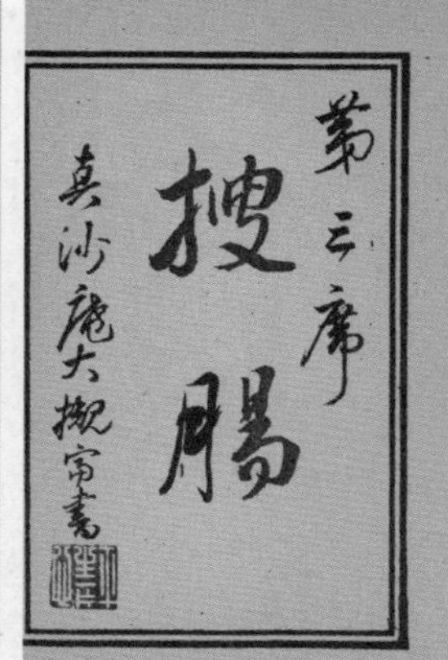
第三席
搜腸
真沙庵大槻宮書

青灣茶會圖錄之
煙嵐社藏梓

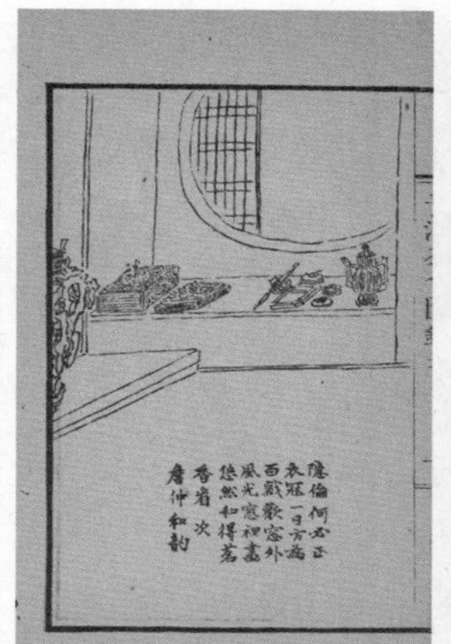
隱倫何必正
衣冠一日方為
百戰歡窗外
風光窗裡畫
悠然和得茗
香看 次
唐仲和韵

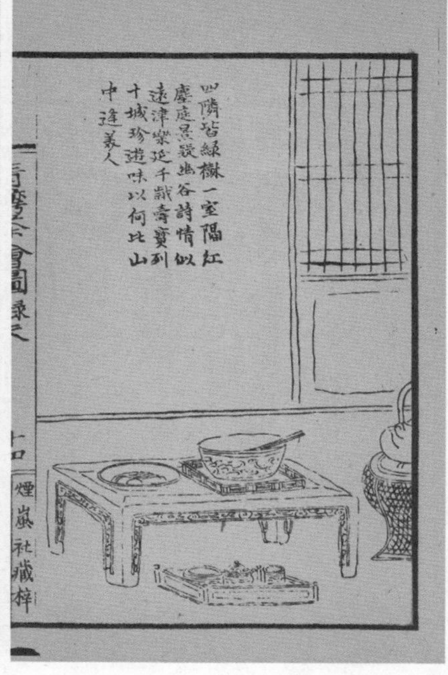
四隣皆綠樹一室隔紅
塵庭景疑幽谷詩情似
遠津樂延千歲壽寶列
十城珍遊味以何比山
中逢美人
煙嵐社藏梓

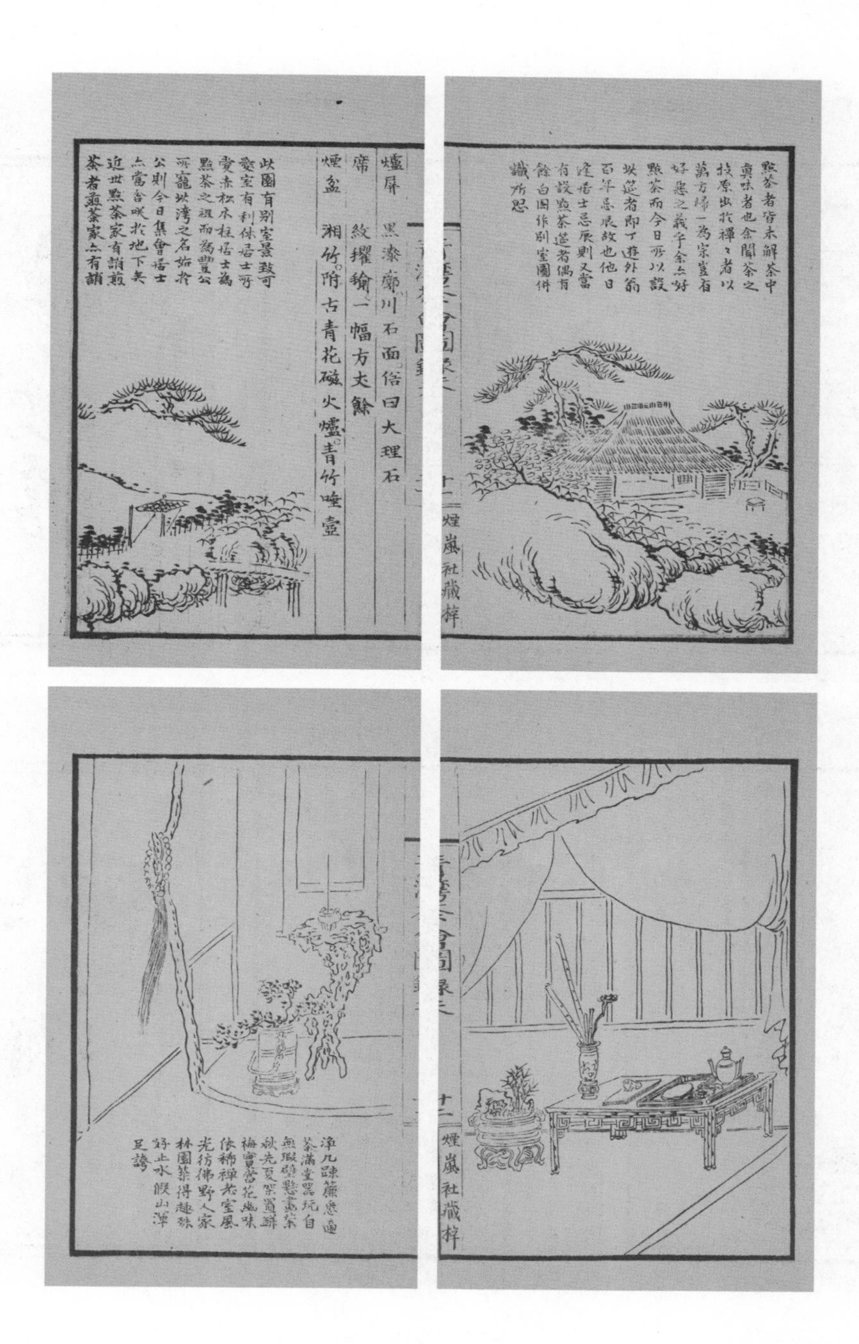

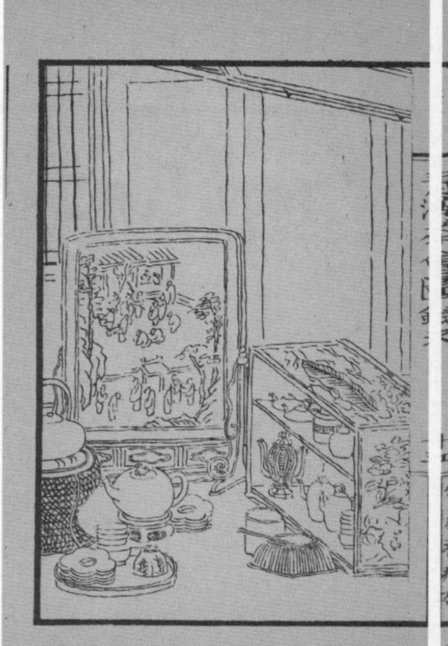
青灣茶會圖錄之

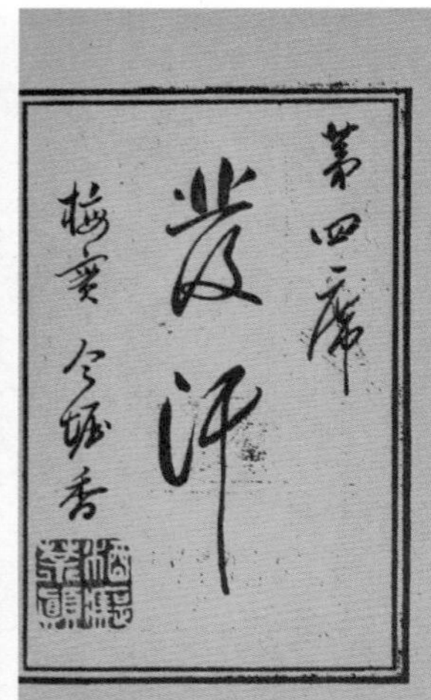

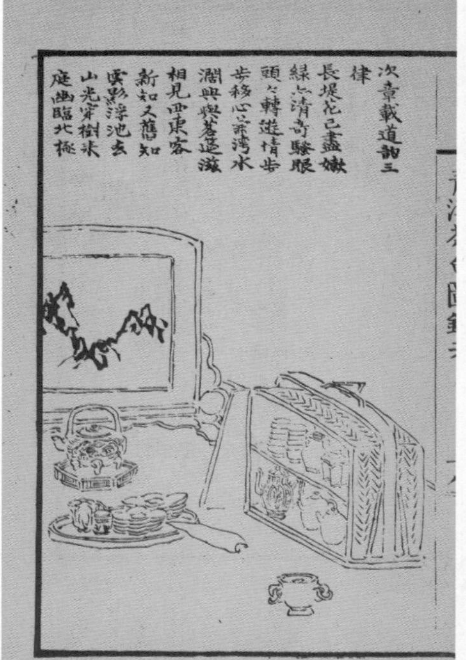

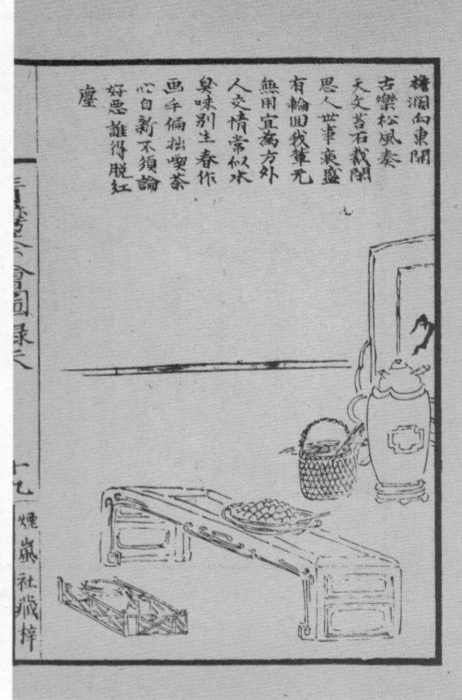

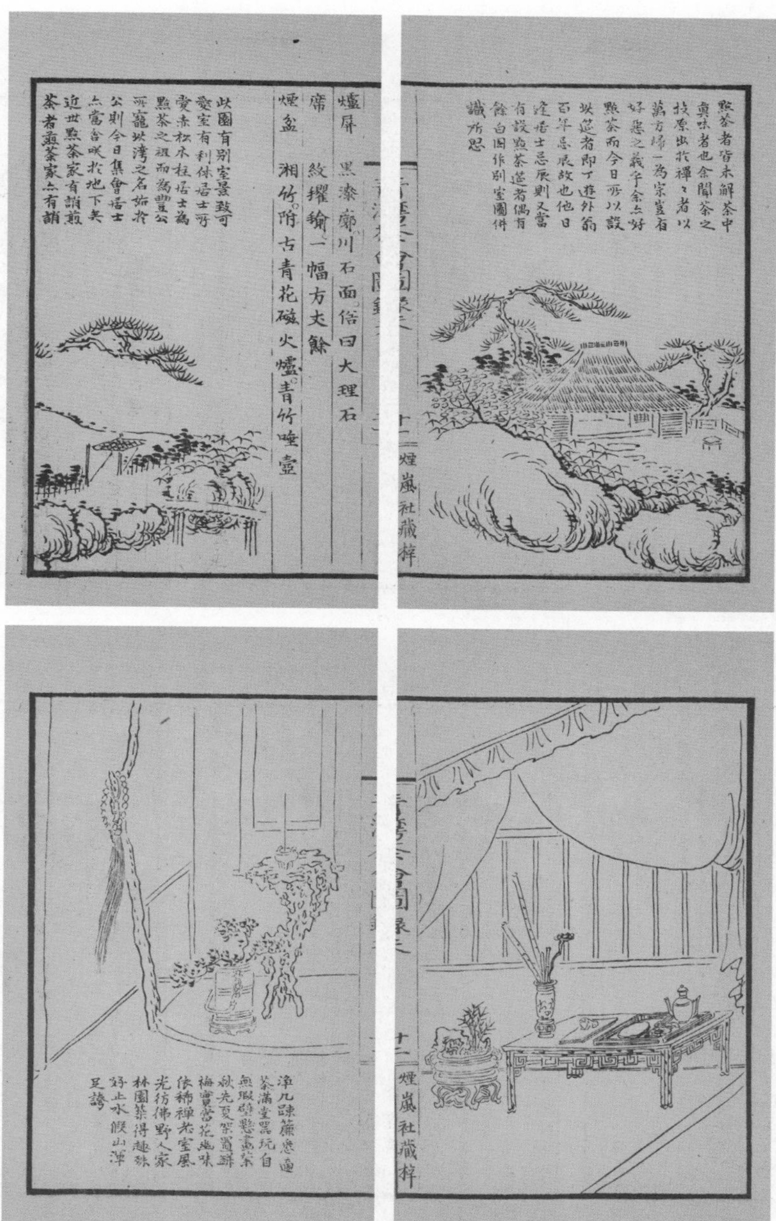

點茶者皆未解茶中
真味者也余聞茶之
技原出於禪々者以
萬方歸一為宗豈有
好惡之義乎余亦好
點茶而今日所以設
此筵者即丁遊外翁
百年忌辰故也他日
逢梧士忌辰則又當
有設煎茶筵者偶有
餘白因作別室圖併
識所思

青灣茶會圖錄之　十二　煙嵐社藏梓

爐屏　黑漆鄺川石面俗曰大理石
席　紋耀輸一幅方丈餘
煙盆　湘竹附古青花磁火爐青竹唾壺

此圖有別室景致可
愛室有利休居士所
賞赤松木柱居士為
點茶之祖而為豐公
所寵此灣之名始於
公則今日集會居士
亦當含咲於地下矣
近世點茶家有譏煎
茶者煎茶家亦有譏

青灣茶會圖錄之　十三　煙嵐社藏梓

淨几疎簾意適
茶滿堂器玩自
無瑕疵懸畫宗
赦先夏架置缾
梅實帶花幽味
依稀禪老室風
光彷彿野人家
林園築得趣殊
好止水假山渾
足誇

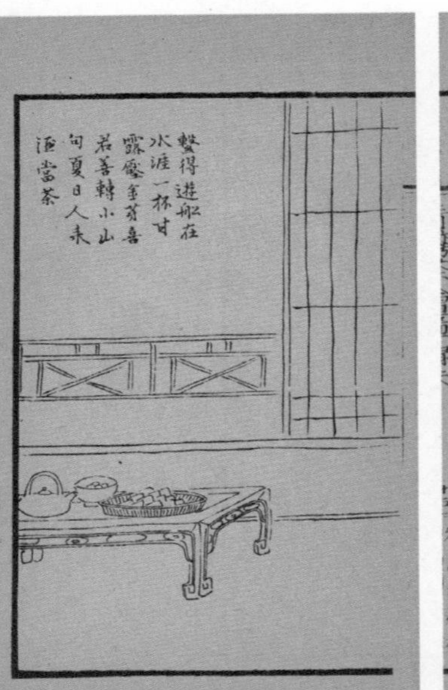
艤得遊船在
水涯一杯甘
露啜金芽喜
若善轉小山
句夏日人來
渾當茶

煙嵐社藏梓

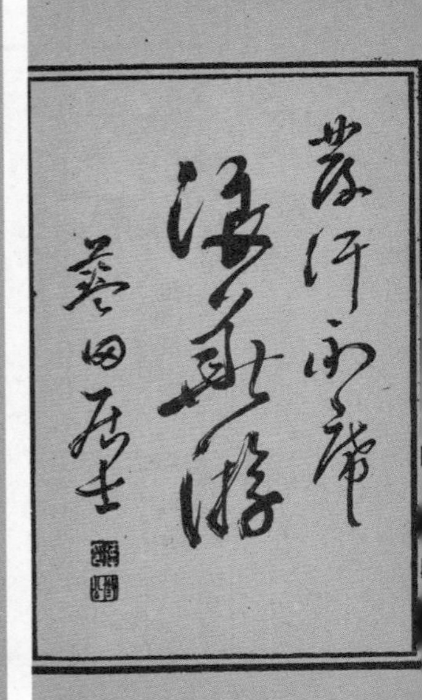

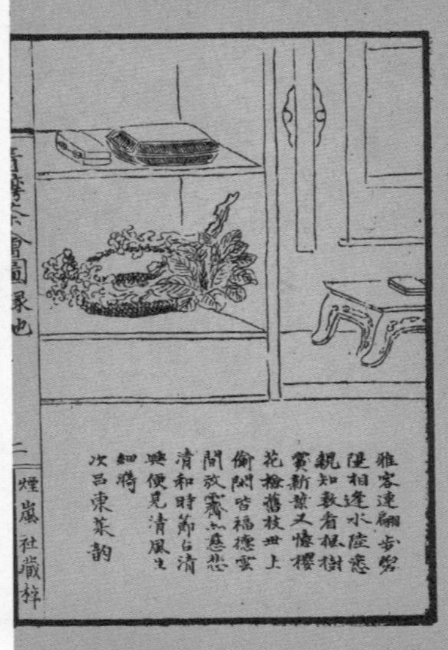
煙嵐社藏梓
雅客連翩步努
陸相逢水陸慈
親知數看椹樹
實新葉又憐櫻
花榆舊枝無上
衛閑皆福德雲
閒放霽亦慈悲
清和時節占清
賺便見清風生
細將
次呂東萊韻

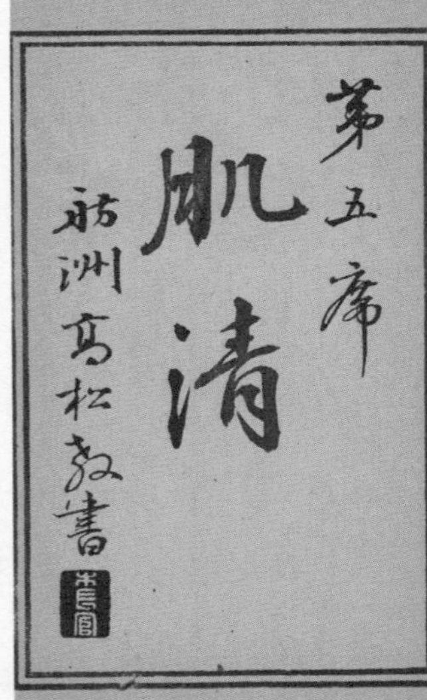
第五席
肌清
蒔洲高松教書

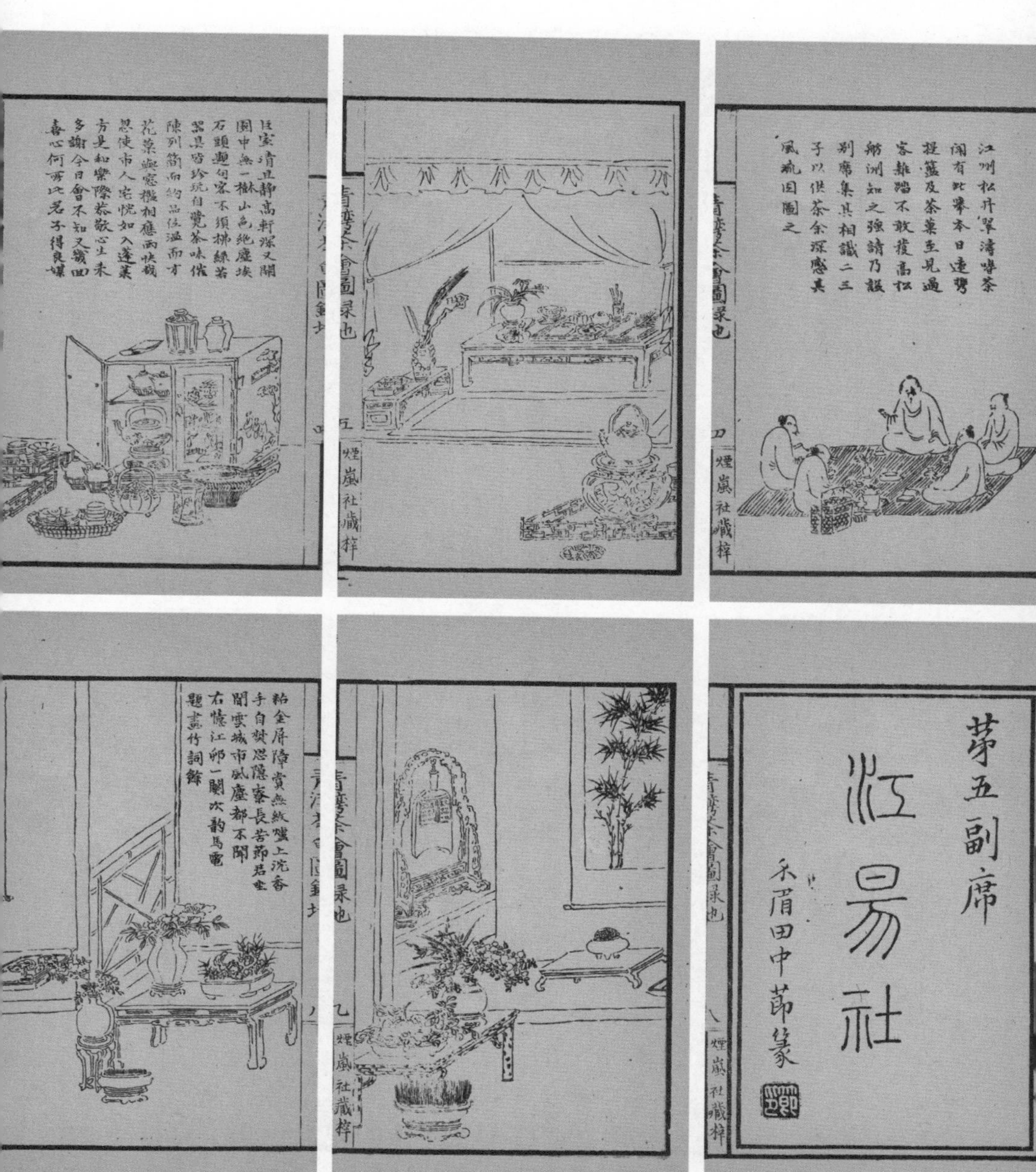
江州松井翠濤啜茶
閑有此舉本日達鸎
提籃及茶菓至見過
客雖踏不敢獲高松
鄉洲知之強請乃設
別席集其相識二三
子以供茶余深感其
風流因圖之
臣室清且靜高軒深又開
園中無一樹山色絕塵埃
石頭與何容不須拂綠若
器具皆珍玩自覺茶味佳
陳列簡而約品位溫而才
花菓與窓機相應而快哉
忽使市人宅恍如入蓬萊
方是和樂際恭敬心生来
多謝今日會不知又幾回
春心何所比君子得良媒
粘金屏障賞無紋爐上沈香
手自焚忍隱寮長苦節君
閒雲城市風塵都不聞
右懷江卿一闋次韵馬竈
題畫竹詞録
第五副席
江易社
禾眉田中節篆
青湾茶會圖録
煙嵐社藏梓

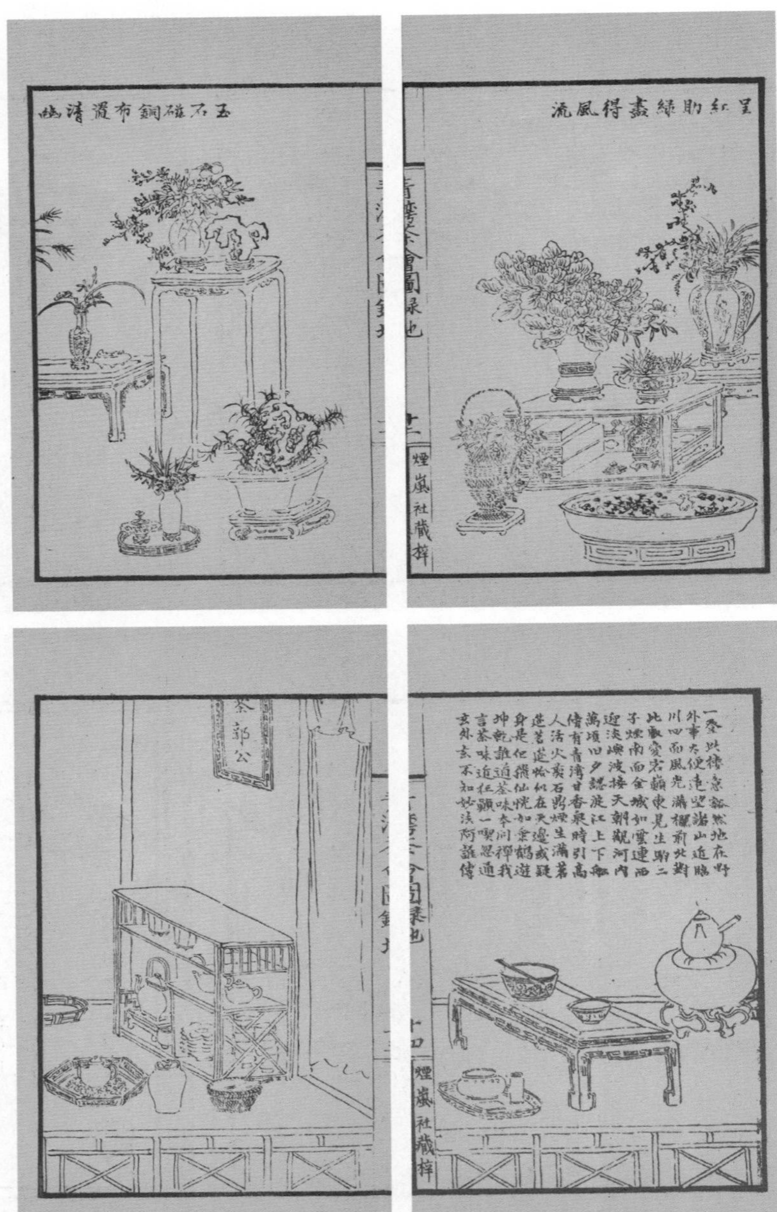
玉石磁銅布置清幽
呈紅助綠盡得風流
煙嵐社藏梓
煙嵐社藏梓

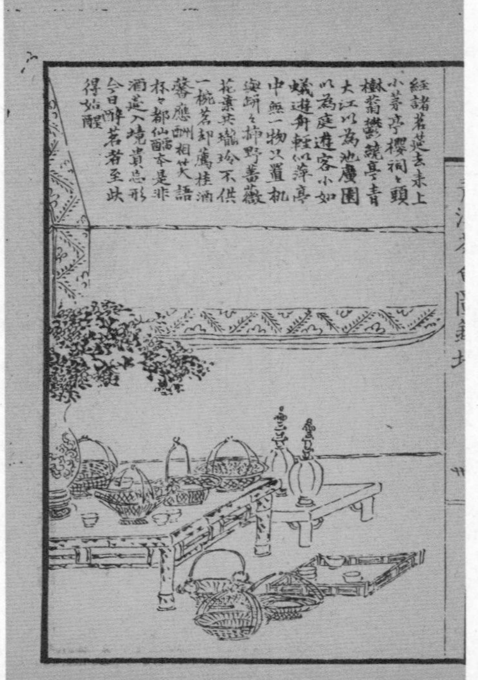

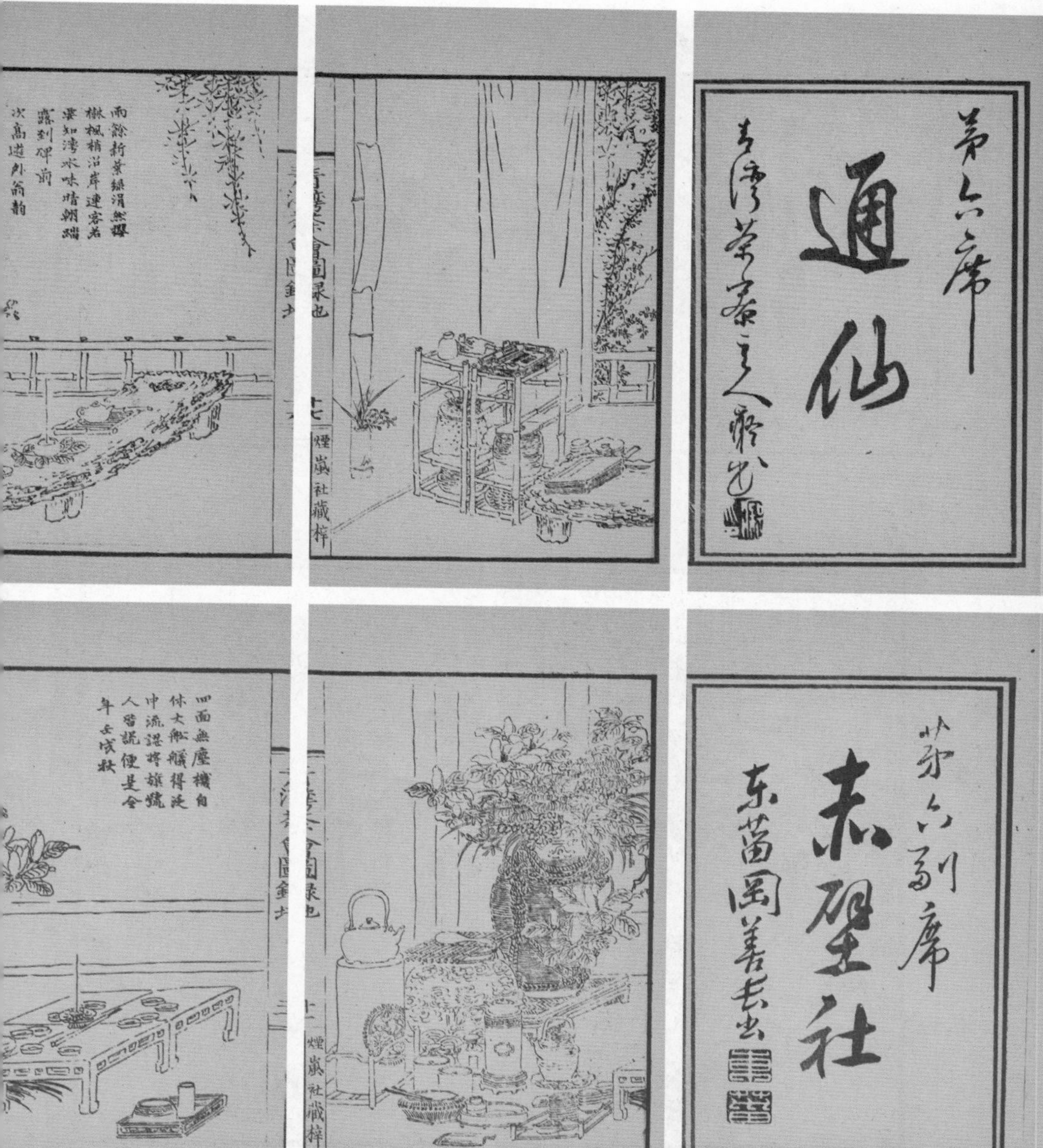

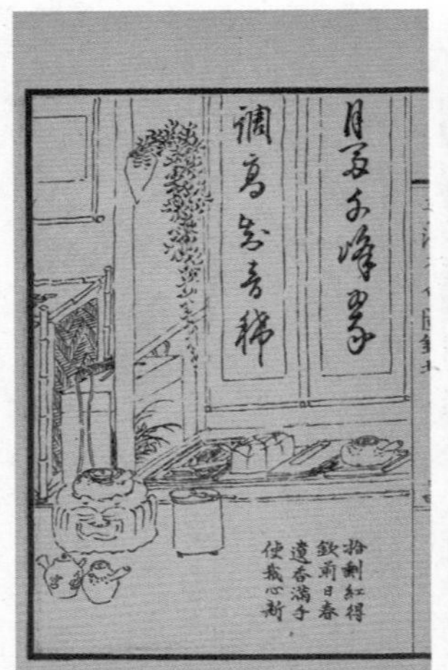

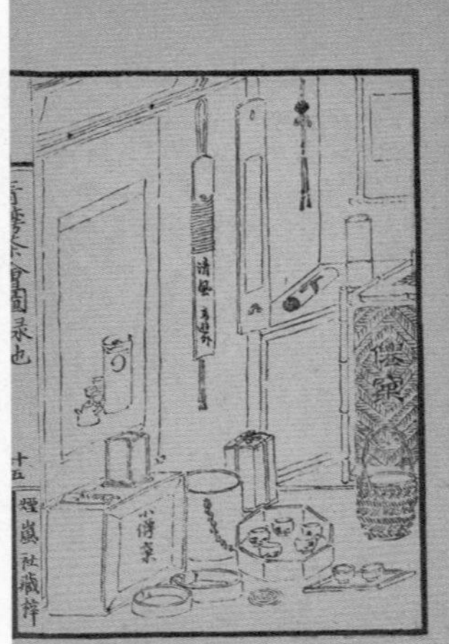

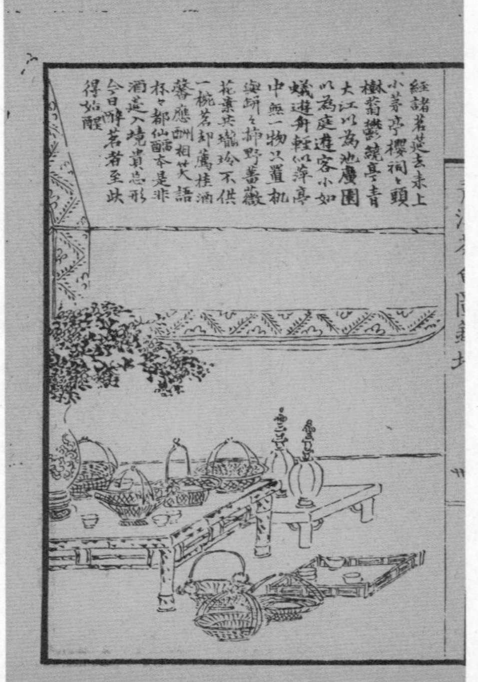

【原文】

五、明采茶样[①]

《茶经》[②]曰：雨下不采，虽不雨而亦有云，不采，不焙，不蒸。（用力弱故也。）

【注释】

① 样：样范，规范。

② 雨下不采，虽不雨而亦有云，不采，不焙，不蒸：《茶经》原文是："其日有雨不采，晴有云不采。晴，采之，蒸之，捣之，拍之，焙之，穿之，封之，茶之干矣。"《太平御览》卷八六七《饮食部》："陆羽《茶经》曰：……其日雨不采，晴有云不采。蒸，拍，焙，穿，封，干矣。"

【译文】

五、了解采茶要求

《茶经》说：下雨的时候不采茶，晴天有云也不采、不焙、不蒸。（荣西点评：这是由于此时采摘的茶的茶味较弱。）

A
B
C.

茶叶炒制

【导读】

这一节讲茶叶的炒制过程。焙茶又称制茶（炒茶），即用温火烘茶，作用是再次清除茶叶中的水分，以便更好地保藏贮存。这是古人采用的寓贮于焙、既贮又焙的科学制茶方法。《茶经》中曾谈到唐代烘焙茶叶的工具叫“育”，“以木制之，以竹编之，以纸糊之”。

焙茶必用文火煨，使茶饼常温，这样水分逐渐蒸发而茶叶的色、香、味俱在。宋代焙茶又称“过黄”，用炭火，因其火力通彻，又无火焰，可以避免烟气侵损茶味。焙茶的工具称“茶焙”，用竹编制成，外面裹以竹叶，其形状和唐时的“育”大致相同。

宋代制茶，首先是拣茶，对摘下的鲜叶进行分拣，拣过的茶叶再三洗濯干净之后，进行蒸茶。宋人特别讲究蒸茶的火候，既不能蒸不熟，也不能蒸得太熟，因为不熟与过熟都会影响点试时茶汤的颜色。接着要研茶，将茶经过加水研磨反复加工变成粉末状，所以称为“研膏”。加水，研磨至水干，称为一水，然后再加水，再研磨。磨好后，将研好的茶粉入茶模制造茶饼，茶模用铜、竹、银等不同材料制成。茶饼做好后才开始焙茶，焙好后，将焙干之饼过沸水出色后置密室，急以扇扇之，则色泽自然光莹。这是“抹茶”的制作方法。抹茶有“薄茶”和“浓茶”之分。“薄茶”所用茶树树龄较短，所制之茶一人一次只能饮用一碗；“浓茶”所用茶树树龄较长，老树最好，取避阳的嫩叶加工精制而成。

明代后，制茶的方法由抹茶法变为煎茶法。十七世纪之前日本茶道多为抹茶流派，十七世纪时明朝隐元禅师将煎茶引入日本，煎茶道逐渐取代抹茶道的地位，成为文人墨客的嗜好之物。现在，日本生产的茶叶中绝大部分为煎茶。与抹茶道相比，煎茶法简洁而不注重形式，但同样注重“和、敬、清、寂”的饮茶心境。在制作上，日本至今仍保留蒸青制茶的方法。其特点是用高温的蒸汽短时间内将茶叶蒸软停止其发酵，从而可最大限度地保存叶绿素，然后反复地进行烘干、揉捏等工序，制出的茶颜色漂亮，有赏心悦目之感。

《石州流茶汤绘卷物》

佚名　收藏于日本东京国立国会图书馆

石州流是江户时代最有代表性和最有影响力的大名茶道流派，其风格严肃、庄严，在江户时代茶人辈出。石州流的创始人片桐石州创立了武家茶道的基本礼法体系。如举办茶会时，招待客人的主人称作『亭主』，做茶时的手法叫作『点前』等。图中描述的是石州流举办茶会的情景，展示了整个茶会，主客的行、立、坐、送、接茶、饮茶、观看茶具，甚至擦杯，放置物品和说话等茶道礼仪。

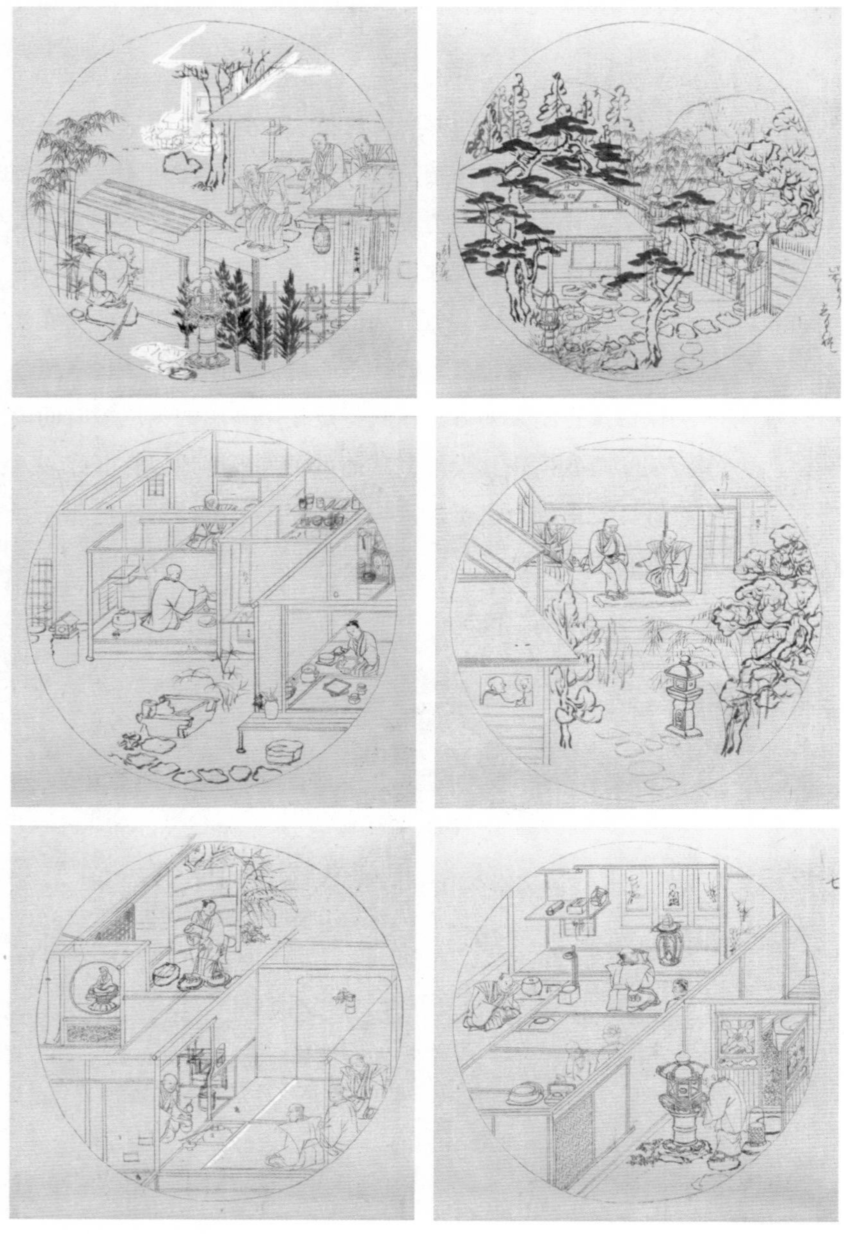

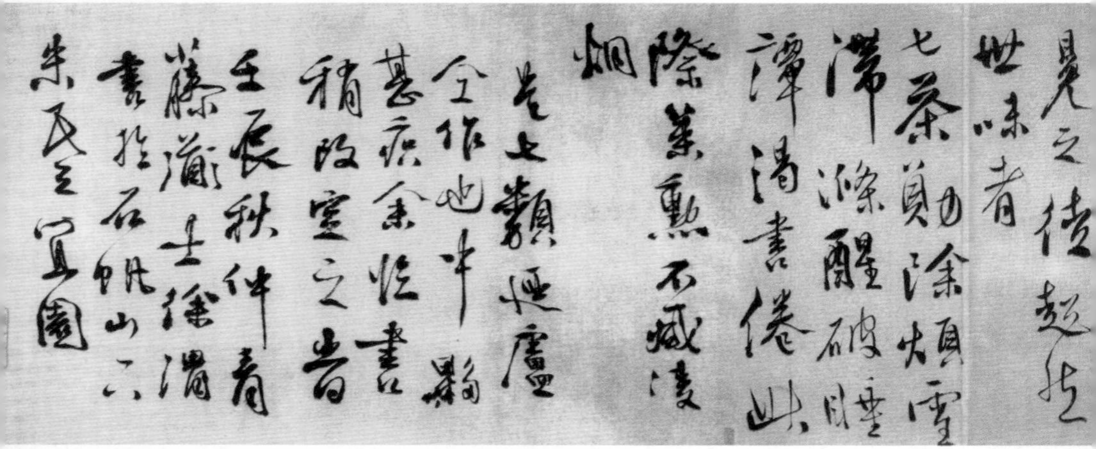

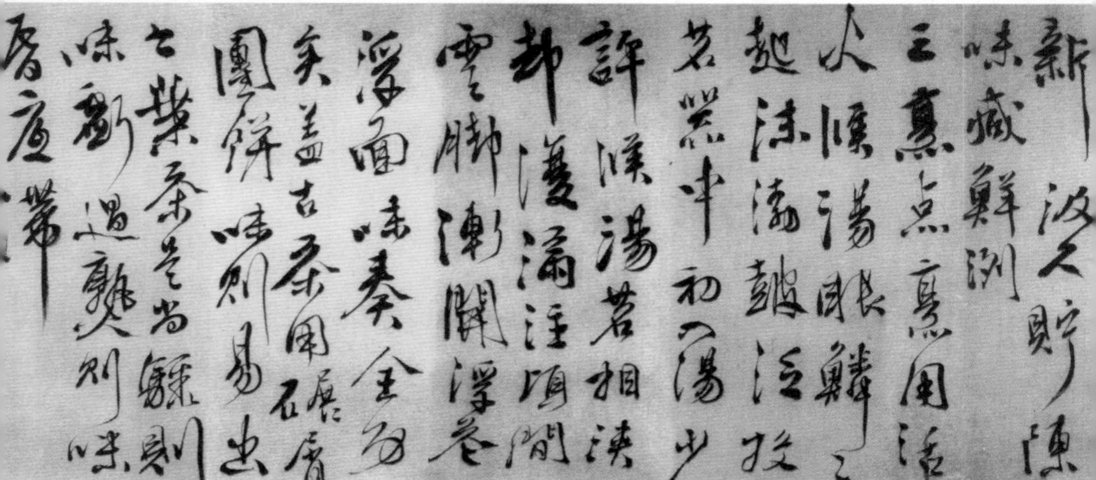

《煎茶七类》卷

（明）徐渭　收藏于北京荣宝斋

徐渭是『越中十子』之一（其余九人为萧勉、陈鹤、杨珂、朱公节、沈炼、钱鞭、姚林、诸大绶、吕光升）。此图为《天香楼藏帖》的一部分，共分五帧，每帧31厘米 × 76厘米，横式。此文共七论，统称『煎茶七类』。

煎茶

选自《煎茶图式》
[日]酒井忠恒 收藏于美国纽约大都会艺术博物馆

煎茶法也叫『陆羽式煎茶法』，专指陆羽在《茶经》中所记载的饮用茶叶的方法。

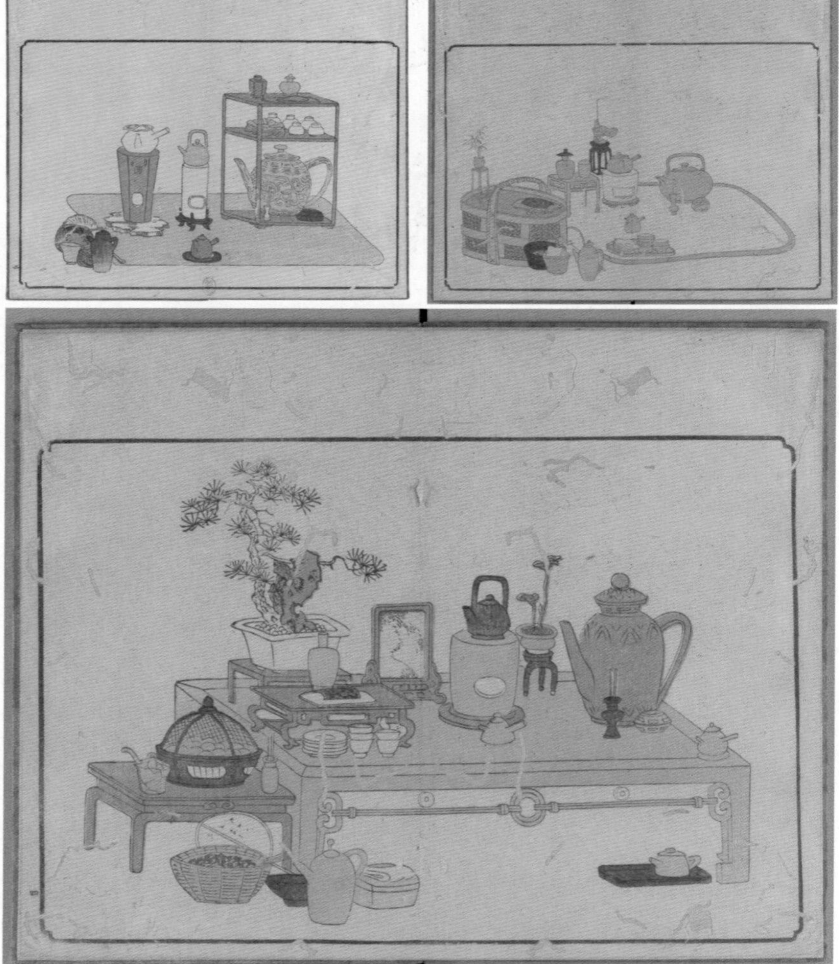

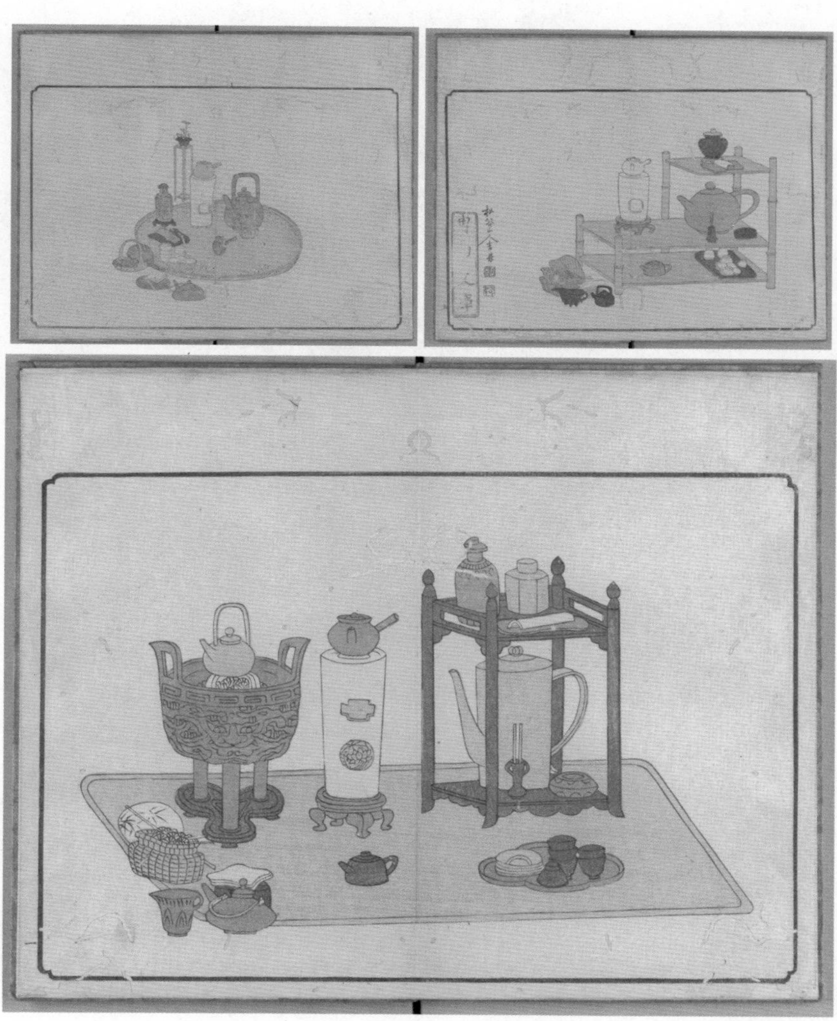

日本制茶

选自《制茶说》 [日]狩野良信

日本茶经荣西与明惠上人等大德高僧们传播之后，至镰仓末期时茶文化发展迅速。根据《异制庭训往来》记录：梅尾茶为第一；御室仁和寺、山科醍醐寺、宇治、南都般若寺、丹波神尾寺列为辅佐；大和室生寺、伊贺服部、伊势河居、骏马清见关、武藏河越的茶，也『皆天下闻名』。室町后期，日本的制茶分两部分。一种是贵族饮用的高档茶叶。以宇治茶为代表，其茶青被制成末茶，专供盛行的日本抹茶道使用。另一种是民间饮茶粗放的制茶。制茶用料不讲究，大都梗茎叶混用，甚至用镰刀将一尺左右的茶枝割下利用。用开水焯青后，用大席子裹住揉捻，然后摊在日光下晒干。饮用时煎煮茶汁，汤色黄褐，味道苦涩。

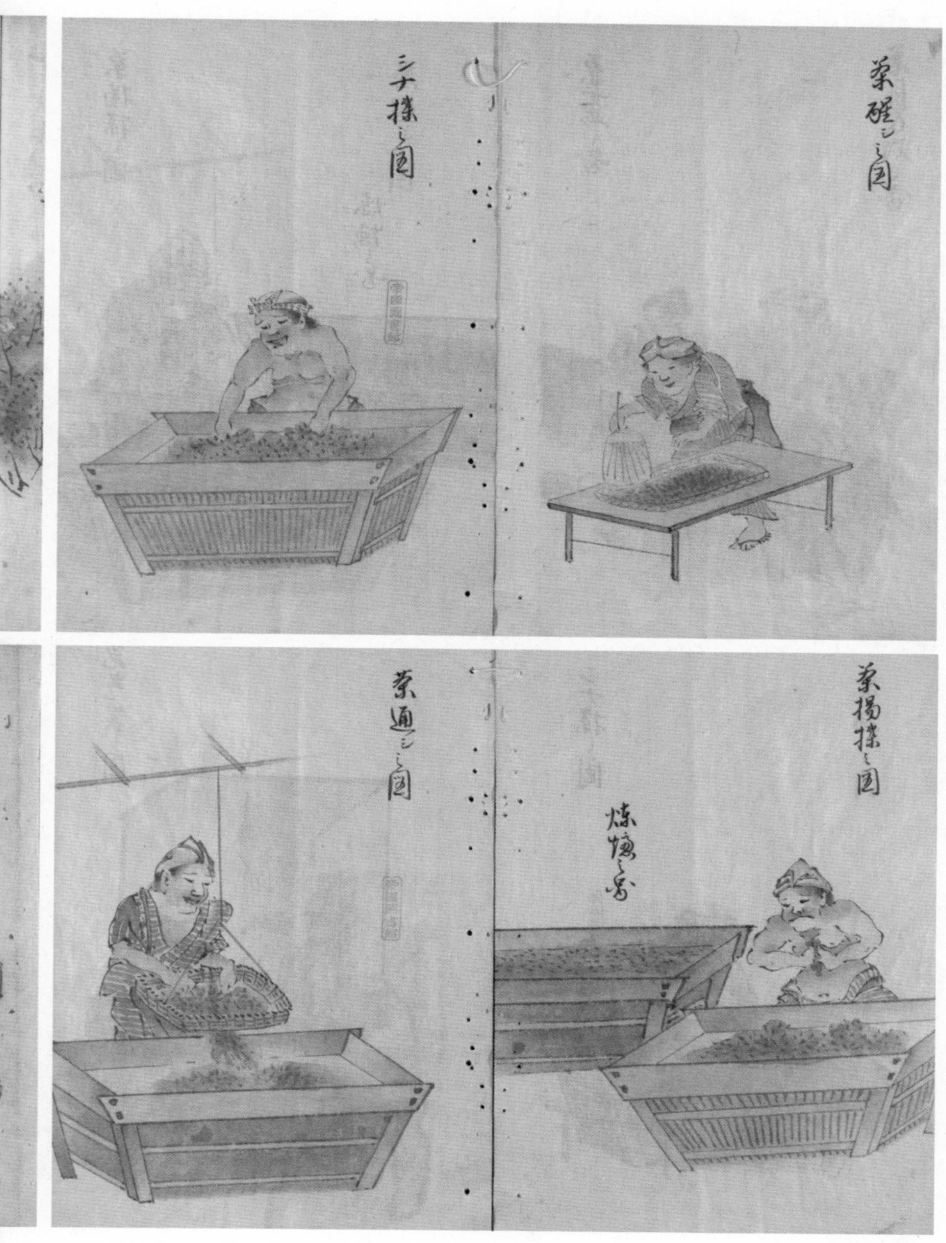
茶醒シ之図
シナ揉之図
茶揚揉之図
茶通シ之図

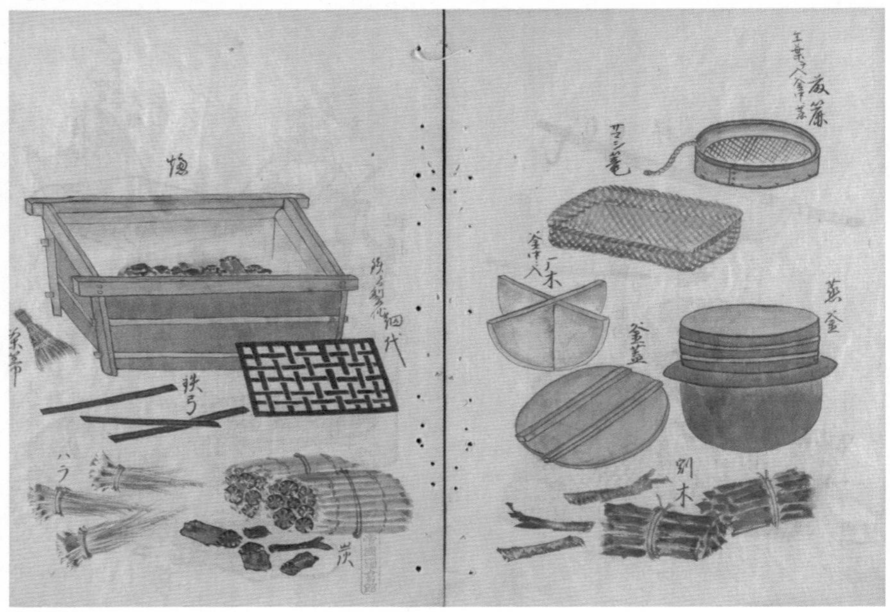
炭
ハラ
割木
蒸釜
釜蓋

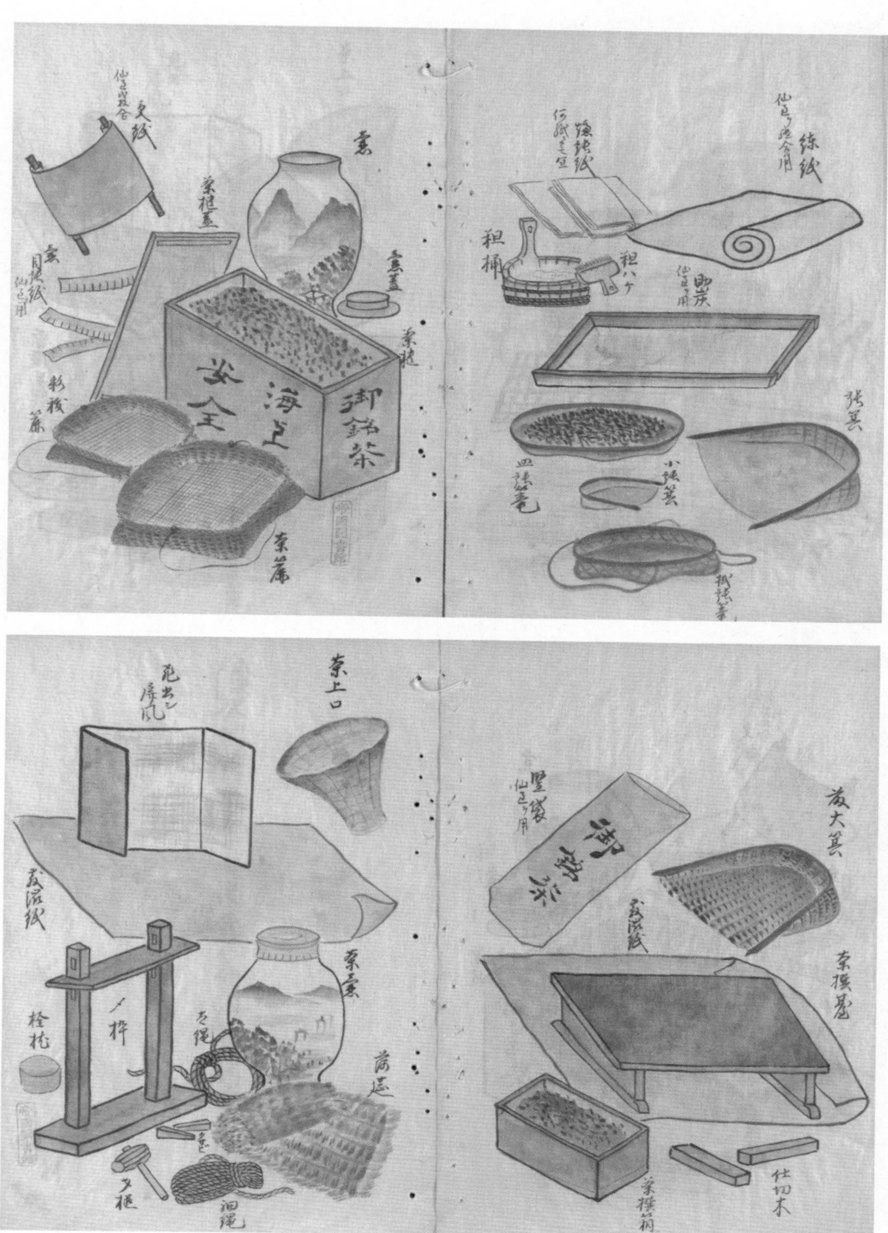

抹茶席饰

选自《旧仪装饰十六式图谱》 〔日〕猪熊浅麿

抹茶是用天然石磨碾磨成微粉状的、覆盖的、蒸青的绿茶。源于中国隋朝，兴起于唐朝，鼎盛于宋朝。根据《茶经》记载分析整理，煮茶的步骤为：先备茶，之后，用竹夹将茶饼放在火上烘烤，然后碾成茶末，用箩筛选后，然后在称为『鍑』的锅中煮沸茶水，再放入粉末状的茶。第一道沸腾的水中，还要加入盐；第二道水开后，舀出一勺置于一边；第三道沸水开，将二道沸水倒入，用以培育汤花。这时，茶便好了，开始分茶。宋朝时，改煎茶为点茶，就是滴注的意思。汤为沸水，将茶末置入茶具，以茶瓶注汤点缀。北宋杭州高僧谦师就是一位点茶高手，有『点茶三昧手』的功夫。苏东坡每次拜谒谦师，谦师总要取出珍藏的上等好茶，精心地碾成茶末，再细心调成茶膏，然后一边注水，一边击拂，以娴熟和谐的动作和快慢有序的节奏旋转打击，煮水烹茶。转眼之间，茶盏中的茶汤乳雾涌起，汤花紧贴盏壁，咬盏不散，一盏色泽鲜白的美味茶汤就呈现在眼前。唐宋流行斗茶，操作过程非常讲究，大致可分调膏、煎水和点茶三步，最后进行色香味的综合评比。其中沫花还会有图案，以美为胜。宋朝斗茶时，对注汤很是节制，注入六分时，用茶筅击拂搅匀，便出现汤花。茶末与汤分开时，出现水痕，便输了。

【原文】

六、明茶调样

见宋朝焙茶样，朝采即蒸，即焙。懈倦怠慢之者，不为事也。其调火也，焙棚敷纸，纸不焦样。工夫焙之，不缓不急，竟夜不眠，夜内焙毕，即盛好缾[1]，以竹叶坚封缾口，不令风入内，则经年岁而不损矣。

【注释】

① 缾：瓶。

【译文】

六、了解茶的制作过程

曾见过宋朝焙制茶叶的过程。早晨采茶，马上就蒸，然后焙炒。懈倦怠慢是办不成事的。调火时，焙茶架上铺着纸，以不把纸烤焦为度。焙炒很讲究，不缓不急，整夜不睡，夜里焙炒完毕，随即盛入上好的瓶子里，用竹叶密封瓶口，不让风进入，这样几年也不会变质。

上卷结束

【导读】

这一节是荣西以在中国的所见所闻劝导提醒日本国人要多喝茶。上卷的后半部分论述了茶的名字、产地、树形、采茶季节和制茶技术，引用了不少中国古书对茶的记载和诗歌对茶的描述。荣西对《茶经》有很深的研究，在解释“酒渴春深一杯茶”时说：“饮酒则喉干，引饮，其时唯可吃茶，勿饮他汤水等，饮他汤水，必生种种病故耳。”据现代日本学者研究，荣西在上卷《五脏和合门》中引用的文献基本是来自《太平御览》“茗”部条，其中收录了大量《茶经》中的记载。同时，还有不少关于茶与仙人的传说，如《神异记》曰：“余姚人虞洪，入山采茗，遇一道士，牵三青牛，引洪至瀑布山，曰：‘予丹丘子也，闻子善具饮，常思见惠，山中有大茗，可以相给，祈子他日有瓯蚁之余，不相遗也。’因立奠祀，后常令家人入山，获大茗焉。”这些记载影响了《吃茶养生记》的写作。

日本茶屋

在荣西禅师的带动下，日本茶道艺术经过不断演变，历经四百多年，最终成为日本社交中一种很重要的形式。江户时代，茶屋是贵族武士们吃饭喝茶的娱乐场所，艺妓盛行，在茶屋喝茶与看艺妓表演成为一种时尚的生活方式。

在伊势雅茶屋
日本江户时代绘画　收藏于美国纽约大都会艺术博物馆
6.7 厘米 × 19.1 厘米

茶屋女孩和仆人

日本江户时代绘画　收藏于美国纽约大都会艺术博物馆

35.6厘米 × 24.1 厘米

茶屋男女

［日］喜多川歌麿　收藏于美国纽约大都会艺术博物馆

極顔薬仙女香黒油美
玄香 京橋南伝馬町三丁

川崎杨柳桥茶屋

[日]玉川广弘　收藏于美国纽约大都会艺术博物馆

23.7厘米 × 36厘米

横濱港崎廓岩亀樓異人遊奥之圖
一川芳員画

横滨茶屋的外国人
[日]玉川吉他 收藏于美国纽约大都会艺术博物馆
35.9厘米 × 24.1 厘米

一川芳員画

外国人在横浜茶屋观看歌舞

[日]玉川吉他 收藏于美国纽约大都会艺术博物馆

36.5厘米 × 25.1厘米

《隅田川河畔的茶屋》
日本江户时代绘画　收藏于美国纽约大都会艺术博物馆
38.7厘米 × 26厘米

茶屋内部

日本江户时代绘画　收藏于美国纽约大都会艺术博物馆

38.4厘米 × 25.4厘米

茶屋女服务员

［日］喜多川歌麿　收藏于美国纽约大都会艺术博物馆

33厘米 × 35.6厘米

难波屋茶屋

［日］喜多川歌麿

收藏于美国纽约大都会艺术博物馆

14.4厘米 × 24.1厘米

茶屋的艺妓

日本江户时代绘画　收藏于美国纽约大都会艺术博物馆

73.0厘米 × 13.3厘米

五美饮茶图
日本江户时代绘画　收藏于美国纽约大都会艺术博物馆
39.1 厘米 × 52.7 厘米

俊満画

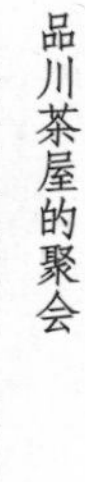

品川茶屋的聚会

日本江户时代绘画　收藏于美国纽约大都会艺术博物馆

38.1 厘米 × 51.8 厘米

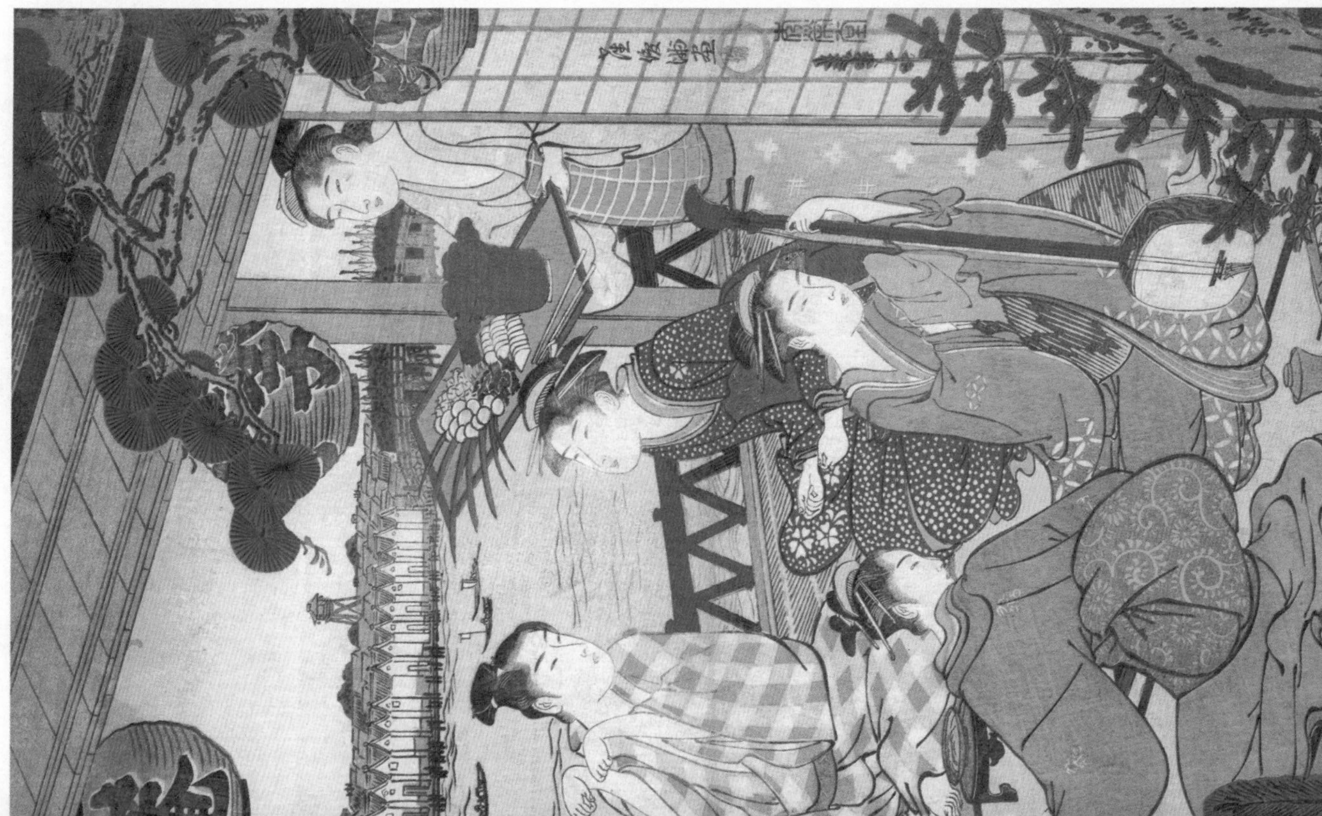

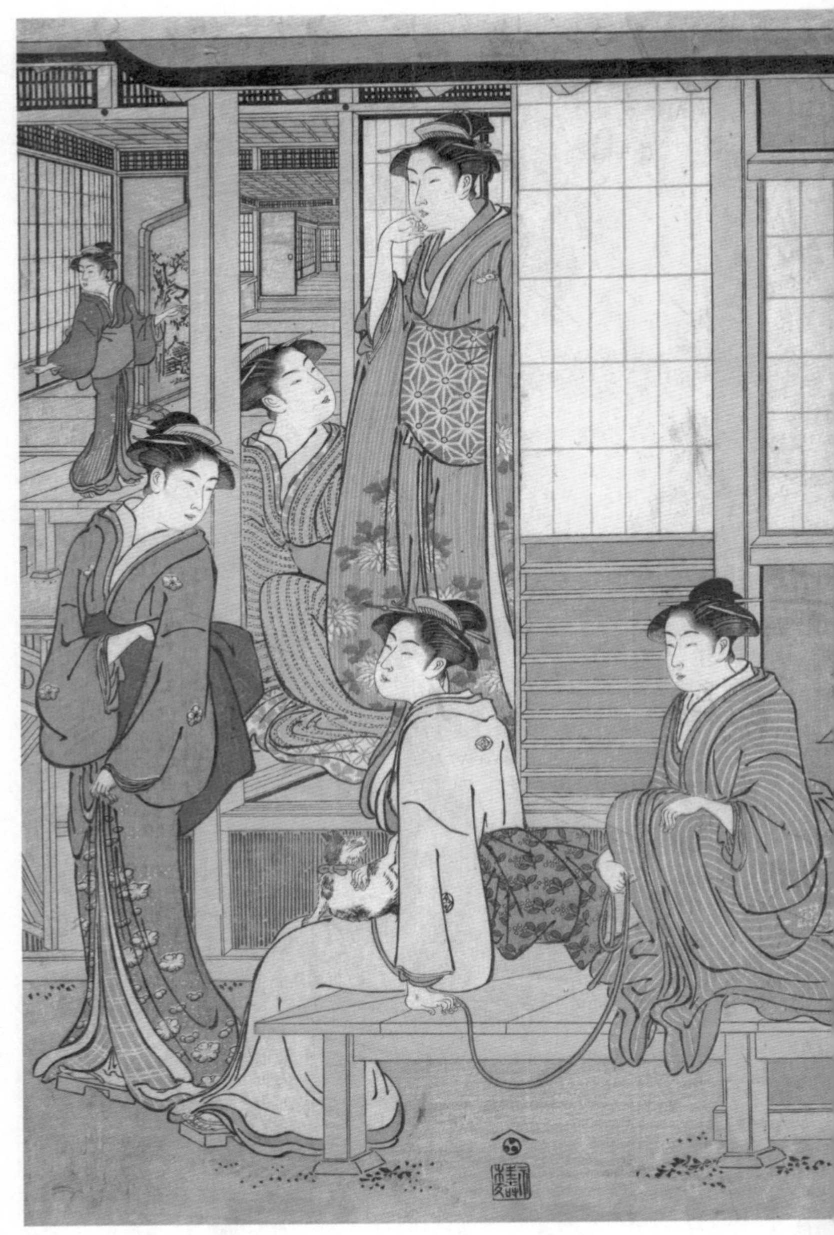

伊势雅茶屋的艺妓

日本江户时代绘画　收藏于美国纽约大都会艺术博物馆

26.7 厘米 × 19.1 厘米

【原文】

以上末世养生之法如斯。抑我国人不知采茶法，故不用之，反讥曰非药。是则不知茶德之所致也。荣西在唐之日，见其贵重于茶如眼，赐忠臣、施高僧，古今义同。有种种语，不能具书。闻唐医语云：若不吃茶人，失诸药效，不得治病，心脏弱故也。庶几末代良医悉之。

《吃茶养生记》上卷结束。

【译文】

以上末世养生之法就是这样。大概是因为我国人不知道采茶的方法，所以没有采用吃茶养生的方法，反而讥讽说：茶不是药。这是因为不知道茶德所造成的。荣西过去在中国，见到人们重视茶就像爱护眼睛一样，中国皇帝把茶赐给忠臣，布施给高僧，从古至今都是这样的。关于茶有种种论述，这里不能全部写出来。听中国医生说：人如果不吃茶，各种药都会无效，不能治病，这是心脏弱的缘故。希望末代的良医们都知道这一点。

《吃茶养生记》上卷结束。

卷下

遣除鬼魅门

卷下开始讲用宗教法术等手段治病。

《吃茶养生记》下卷论述了当时日本流行的各种病，如饮水病、中风手足不从心病、不食病、脚气病等。由于各种病的流行，造成国土荒乱，百姓之丧，于是“有鬼魅魍魉乱国土，恼人民，致种种之病”。

在佛教中，大元帅明王可以消除恶兽及水火刀兵等障难，是镇护国土与众生之神。日本僧人常晓在唐代将其传到日本，成为日本镇护国家之秘法，称大元帅法，颇为日本台密家所重。

卷下中，荣西禅师不断地提到桑树。据后世学者考证，此处的“桑树”可能指菩提树。佛教一直视菩提树为圣树，在印度、斯里兰卡、缅甸各地的丛林寺庙中，普遍栽植菩提树，印度则定之为国树。菩提树茎能分泌乳汁，可提取硬性橡胶，花可以作为药材入药。

1190年（建久元年），荣西在天台山取道邃法师所栽之菩提树枝，交付商船运回日本，植于筑前国（福冈）香椎神祠。当时荣西说："我国未有此树，先移植一株于本土，以验我传法中兴之效，若树枯槁，则吾道不行。"1195年（建久六年）春分，将菩提树分种于东大寺；1204年（元久元年）再取分枝，种于建仁寺，两处皆繁茂垂荫，迄今依然。

也有医家根据《本草纲目》等医书考证，荣西所引"茶桑法"之"桑"，即桑树，果实为桑葚，皆可入药。古籍在千年辗转流传中，会有讹误佚失现象发生，所以，以"桑"治病的部分不做"导读与图说"。对于药方的验用应当慎重，往往差之毫厘，谬以千里，尽量依据可靠的古籍版本，核对出作者的本意。

卷下以治病为主，只有一小节提到饮茶。值得一提的是，在荣西禅师的影响下，日本茶文化蓬勃发展，直至现代，茶屋依然随处可见。

【原文】

第二，遣除鬼魅门者，《大元帅[1]大将仪轨秘钞》曰：末世人寿百岁时，四众[2]多犯威仪。不顺佛教之时，国土荒乱，百姓亡丧。于时有鬼魅魍魉，乱国土、恼人民，致种种病无治术，医明无知，药方无济，长病疲极无能救者。尔时持此《大元帅大将心咒》念诵者，鬼魅退散，众病忽然除愈。行者[3]深住此观门[4]，修此法者，少加功力，必除病。

复此病，祈三宝[5]，无其验，则人轻佛法不信。临尔之时，大将还念本誓，致佛法之效验，除此病，还兴佛法，特加神验，乃至得果证[6]。以之思之，近年之病相即是也，其相非寒非热、非地水、非火风，是故近医多谬矣。其病相有五种，若左。

【注释】

① 大元帅：即"太元帅明王"，密教护法神，为十六药叉大将之一，又作鬼神大将、旷野神，是消除恶兽及水火刀兵等障难、镇护国土与众生之神。

② 四众：佛教《法华经》指比丘（和尚）、比丘尼（尼姑）、优婆塞（居士）、优婆夷（女居士）。

③　行者：指出家而未经过剃度的佛教徒，或泛指修行佛道之人。

④　观门：教观二门之一，又指六妙门之一。"观法"，是一种修炼法门。

⑤　三宝：在佛教中，称"佛、法、僧"为三宝，佛宝指圆成佛道的一切诸佛；法宝指佛的一切教法，包括三藏十二部经、八万四千法门；僧宝指依佛教法如实修行、弘扬佛法、度化众生的出家沙门。

⑥　果证：佛教语。依因位之修行，而得果地之证悟也。果与因相对而言，在因位之修行曰因修，依因修而证果地曰果证。

【译文】

第二，所谓遣除鬼魅门，《大元帅大将仪轨秘钞》说：末世的人寿命到一百岁时，四众往往冒犯佛教威仪。不遵从佛教教义的时候，国家就会衰败动乱，百姓逃亡丧命。此时有鬼魅魍魉，搅乱国家，困扰人民，招致种种疾病，没有治疗方法，医生明显无知，所开的药方也不能治病，没有人能救治久病衰弱至极的人。这时，手持《大元帅大将心咒》念诵，鬼魅就会退却散去，各种疾病很快痊愈。修行者坚持采用这一止观法门进行修炼，稍微增加些功课，必然除去病痛。

再者，为了治病而祈请三宝，如果无效，那么人们就会轻视佛法而不信仰。这时候，观想鬼神大将，念诵誓愿，使佛法显效灵验，从而祛除此病，以振兴佛法，尤其增加神效，以使修行者得到果证。这样想来，近年来的症结就是这个原因造成的。其症状非寒非热，也与地、水、火、风四大因素无关，所以近年医生照此进行常规医治则多有谬误。上面所说的症状有五种，如下。

饮水病

【原文】

一曰饮水病[①]。此病起于冷气，若服桑粥[②]，则三五日必有验，永忌薤蒜葱，勿食之矣。鬼病[③]相加，治方无验，以冷气为根源耳。服桑粥，百一无不平复矣。（忌薤以病增故。）

【注释】

① 饮水病：消渴病，是中国传统医学的病名，指以多饮、多尿、多食及消瘦、疲乏、尿甜为主要特征的综合病症，现代称作糖尿病。若做化验检查，其主要特征为高血糖及高尿糖。

② 桑粥：以桑叶或桑葚等煮粥。按《本草纲目》载桑叶等可入药，具有消渴功能。

③ 鬼病：佛教指鬼魅作祟致人生病。《千手经》说："诵持此神咒者，世间八万四千种鬼病，悉皆治之，无不差者。"

【译文】

一是饮水病（消渴病、糖尿病）。

这种病源于寒气侵袭，如果服用桑粥，三五天必有效果。永远忌口薤（小蒜、野蒜）、大蒜、葱等五荤之物，切勿食用。鬼病侵害，医治无效，搞清病根在于寒气，服用桑粥，百分之百可以康复。

中风病

【原文】

二曰中风，手足不相从心病[①]。

此病近年众矣，亦起于冷气等。以针灸出血、汤治流汗为害，须永却火，忌浴，只如常时。不厌[②]风，不忌食物，漫漫服桑粥桑汤，渐渐平复，百一无厄。若欲沐浴时，煎桑一桶，三五日一度浴之，浴时莫至流汗，若汤气入内，流汗，必成不食病。是第一治方也。冷气、水气、湿气，此三种，治方亦复若斯，尚又加鬼病故也。

【注释】

① 手足不相从心病：古人认为“心之官则思”，认为心脏具有思考和指挥的功能，因此说手足麻痹就是手足不服从心脏的指挥。

② 厌：驱避。古代中国有“厌胜之术”，是用法术诅咒或祈祷以达到制胜所厌恶的人、物或魔怪的目的。

【译文】

二是中风病，手足麻痹不听从心脏的指挥。

此病近年来很多，也是源于寒气之类的外因。用针灸治疗会出血，用热水洗浴治疗就流汗，成为病害，因此要永远摒弃火灸，禁止热水浴，只像平时，不避风，不忌食物，慢慢服用桑粥、桑汤，渐渐就会康复，百无一害。假若想洗浴，可煎煮一桶桑叶熬的汤，三五天洗一次，注意洗浴时不要导致流汗，如果汤药之气进入体内，出了汗，那就必然要得不食之病。这是最好的治疗方法。寒气、水气、湿气，这三种外因治病的对症疗法都是这样，再加上“鬼病”的治法也是这样。

不食病

【原文】

三曰不食病[①]。

此病复起于冷气，好浴、流汗，向火为厄，夏冬同以凉身为妙术。又服桑粥汤，渐渐平愈。若欲急差，灸治汤治，弥弱，无平复矣[②]。

【注释】

① 不食病：厌食症。

② 若欲急差，灸治汤治，弥弱，无平复矣：此句竹苞楼本无，从别本补。差：同“瘥（chài）”，疾病好转。

【译文】

三是厌食症。

这种病还是源于寒气，喜热浴、流汗，烤火则有危险。治疗此病，不管是夏季还是冬季，设法使身体凉爽为好。再服用桑粥、桑汤，疾病就会慢慢痊愈。如果急于求成，用灸法或者热水治疗，不但会使身体更加虚弱，病也永远治不好了。

源于冷气

【原文】

以上三种病皆发于冷气，治方是同。末代多是鬼魅所著，故用桑耳。

桑下鬼类不来，又仙药上首[1]也，勿疑矣。

【注释】

① 仙药上首：古人认为桑树有神奇功能，因此将桑列为仙药的上等品类。

【译文】

以上三种病都源于寒气，所以治疗的方法才会基本相同。末世多是鬼魅附体所致，因此用桑祛除。

桑树之下鬼魅是不敢来的，桑又是上等仙药，不用怀疑它的功效。

疮病

【原文】

四曰疮病。

近年此病发于水气等杂热，非疔非痈，然人不识而多误，治方但自冷气发，故大小疮皆不负[①]火。由此人皆疑为恶疮。灸则得火毒即肿增，火毒无能治者，大黄、水寒石[②]，寒为厄，因灸弥肿，因寒弥增，宜斟酌矣。若疮出，则不问强软，不知善恶，牛膝[③]根捣绞，绞汁傅[④]疮，干复傅，则傍不肿，熟破无事，脓出，则贴楸叶[⑤]，恶毒之汁皆出。世人用车前草[⑥]，尤非也。思之服桑粥、桑汤、五香煎[⑦]。若强须灸，宜依方：谓初见疮时，蒜横截，厚如钱，贴之疮上，固艾如小豆大，灸之，蒜焦可替，不破皮肉，及一百壮[⑧]即萎。火气不彻，必有验矣。灸后傅牛膝汁，贴楸叶，不可用车前草。芭蕉根[⑨]，亦有神效。

【注释】

① 负：害怕、畏惧。

② 大黄、水寒石：大黄，一种中药材，蓼科大黄属多年生植物，根状茎及根供药用，有清湿热、泻火、凉血、祛瘀、解毒等功效。“水寒石”疑是“寒水石”，石膏的别名，是一种矿石中药材，具有清热泻火的功效。

③ 牛膝：苋科牛膝属多年生草本植物，根可入药，补肝肾，强筋骨，活血通经，引火（血）下行，利尿通淋。

④ 傅：涂敷。

⑤ 楸叶：楸树为紫葳科梓树属落叶乔木，据《本草纲目》等医书记载，楸叶具有消肿拔毒、排脓生肌的功效。

⑥ 车前草：车前草属多年生草本植物，全草可入药，具有清热利尿、渗湿止泻、明目、祛痰的功效。

⑦ 五香煎：据宋代《太平圣惠方》记载，用丁香、沉香、麝香、木香、藿香、白术、诃黎勒皮、白茯苓、陈橘皮、甘草、黄芪等煎服，可治小儿脾胃久虚，吃食减少，四肢羸瘦。另据宋代《太平惠民和剂局方》记载，“五香散”：木香、沉香、鸡舌香、熏陆香各一两，麝香（别研）三分。上捣箩为末，入麝香研令匀。每服二钱，水一中盏，煎至六分，温服，不拘时候。治咽喉肿痛，诸恶气结塞不通。按本书治方“服五香煎法”所列方药来看，“五香煎”应为“五香散”。

⑧ 壮：艾灸时灸灼一次为一壮。

⑨ 芭蕉根：芭蕉科植物芭蕉的根茎，具有清热、止渴、利尿、解毒的功效。

【译文】

四是疮病。

近年这种病起于水气之热等杂热，既不是疔疮，也不是毒痈，但是一般人不识此疮而多有误治，所开药方是以寒气致病为病因，故此这些疮不怕“火攻”。正因如此，人们都认为这是一种恶疮。用艾灸则受火毒之伤而肿胀得更厉害，火毒无法治疗，又用大黄、寒水石，但这些性寒之药更会带来麻烦。用艾灸则疮更肿，用寒药则病情更重，一定要注意啊！如果疮发出来，不管疮疱是硬是软，是否恶化，把牛膝根捣烂，布包绞出汁来，涂敷在疮上，干了之后再涂，旁边就不会继续肿，等疮熟了破了，不会有事，脓出来后，则用楸叶贴在疮上，不久恶毒的脓汁就会被拔出来。一般人用车前草来敷，这样效果不好。记住还要服用桑粥、桑汤、五香散。如果非要用艾灸，应该按照以下方法进行：疮刚出现时，取一个蒜瓣，横切成铜钱厚薄的蒜片，贴到疮上，把艾紧抟成小豆大小，放在蒜片上灸灼，如果蒜焦了可以换一片，这样就不会灼破皮肉，灼大约一百次后，疮就会萎缩，这时虽然火气不会彻底祛除，但肯定是有效的。艾灸之后涂敷牛膝汁，贴上楸叶，不能用车前草。另外用芭蕉根也有奇效。

脚气病

【原文】

五曰脚气[①]病。

此病发于晚食饱满，入夜而饱饭酒为厄，午后不饱食为治方。是亦服桑粥、桑汤、高良姜、茶，奇特养生妙治也。新渡医书[②]云：患脚气人晨饱食，午后勿饱食。长斋[③]人无脚气，此之谓也。近人万病皆称脚气，可笑！呼病名而不识病治方耳。

【注释】

① 脚气：中医所说的脚气病与现在所说的脚气（足癣）不同。晋代葛洪《肘后备急方》即有记载。脚气古名缓风、壅疾，又称脚弱。因外感湿邪风毒，或饮食厚味所伤，积湿生热，流注腿脚而成。其症先见腿脚麻木，酸痛，软弱无力，或挛急，或肿胀，或萎枯，或发热，进而入腹攻心，小腹不仁，呕吐不食，心悸，胸闷，气喘，神志恍惚，言语错乱等。

② 新渡医书：从中国新传到日本的医书。据《宋史·艺文志》载，（唐）吴升撰有《苏敬徐王唐侍中三家脚气论》，原书今已佚失，部分内容见载于《外台秘要》《医心方》等书。（宋）唐慎微《证类本草》引苏恭（即苏敬）之论：凡患脚气，每旦任意饱食，午后少食，日晚不食。如饥，可食豉粥。

③ 长斋：常年素食（吃斋）。佛教禁止午后进食，也称长斋。

【译文】

五是脚气病。

此病源于晚饭吃得太多，到了晚上吃饭喝酒有太多危害，过了中午之后不吃太多是治疗的方法。服用桑粥、桑汤、高良姜、茶，具有神奇的养生治疗效果。从中国新传来的医书说：罹患脚气之人应该早上吃饱，午后不要多吃。吃长斋的人不得脚气，就是这个道理。近来人们把什么病都叫脚气，真是可笑之极！只知病名而不知治病的疗方。

桑树

【原文】

以上五种病者，皆末世鬼魅之所致也，然皆以桑治之，颇有受口诀于唐医[1]矣。又桑树是诸佛菩提树[2]，携此木，则天魔犹不能竞，况诸余鬼魅之附近乎？今得唐医口传，治诸无不得效验矣。近年皆为冷气所侵，故桑是妙治之方也。人以不知此旨，多致夭害。近年身分之病多冷气也，其上他疾相加，得其意治之，皆有验矣。今之脚痛亦非脚气，是又冷气也，桑、牛膝、高良姜等，其良药也。桑方注左。

【注释】

① 唐医：指宋代中医。

② 菩提树：为桑科榕属植物，具有药用价值。

【译文】

以上五种病都是末世鬼魅所致，而都用桑来治疗，多源于中国医学口传秘诀。另外桑树乃是诸佛的菩提树，携带这种树木，就是天魔也不能接近，何况那些鬼魅前来骚扰？于今既得中国医学的口传秘授，治疗起来无不药到病除。近年病症都是寒气侵害所致，所以用桑治疗确是绝妙良方。人们因为不知这个要旨，往往导致夭亡之害。近年身体之病多是寒气所致，加上其他疾病困扰，如果得其要领加以施治，都会有效验。当今的脚痛病也不是脚气病，也是寒气所致，桑、牛膝、高良姜等都是治这种病的良药。用桑治疗的药方列注如下。

桑粥法

【原文】

一[①]桑粥法

宋朝医曰：桑枝如指，三寸截，三四细破，黑豆一握，俱投水三升（灼料[②]）煮之，豆熟却桑加米，以水多少，计米多少，煮作薄粥也。冬自鸡鸣，夏自夜半，初煮，夜明煮毕。空心服之，不可添盐。每朝不懈而食之，则其日不引水，不醉酒，身心亦静也。桑之当年生枝尤好，根茎大不中用。桑粥，总治众病。

【注释】

① 一：此处“一”在古籍中并不表示序号，而是分节标记。本书翻译时为符合现代阅读习惯，避免歧义，统一将“一”改为“■”。下同。

② 灼料：别本作“炊料”，意均不明，疑为酌量、适量。

【译文】

■桑粥法

中国医家说：把如手指粗细的桑枝，截成长短三寸一节，再将每节破开成三四根细条，加黑豆一把，一起放入三升水中煮，等黑豆煮熟了，取出桑枝，加入大米，根据所剩水量多少放入合适的米，煮成稀粥。冬天从鸡叫时开始煮，夏天从半夜开始煮，天亮就煮好了。空腹服用，不可加盐。每天早上坚持食用，则白天不用喝水，不醉酒，身心宁静。桑枝用当年生的新枝为好，树根和树干不要用。桑粥是适合治疗各种疾病的药膳。

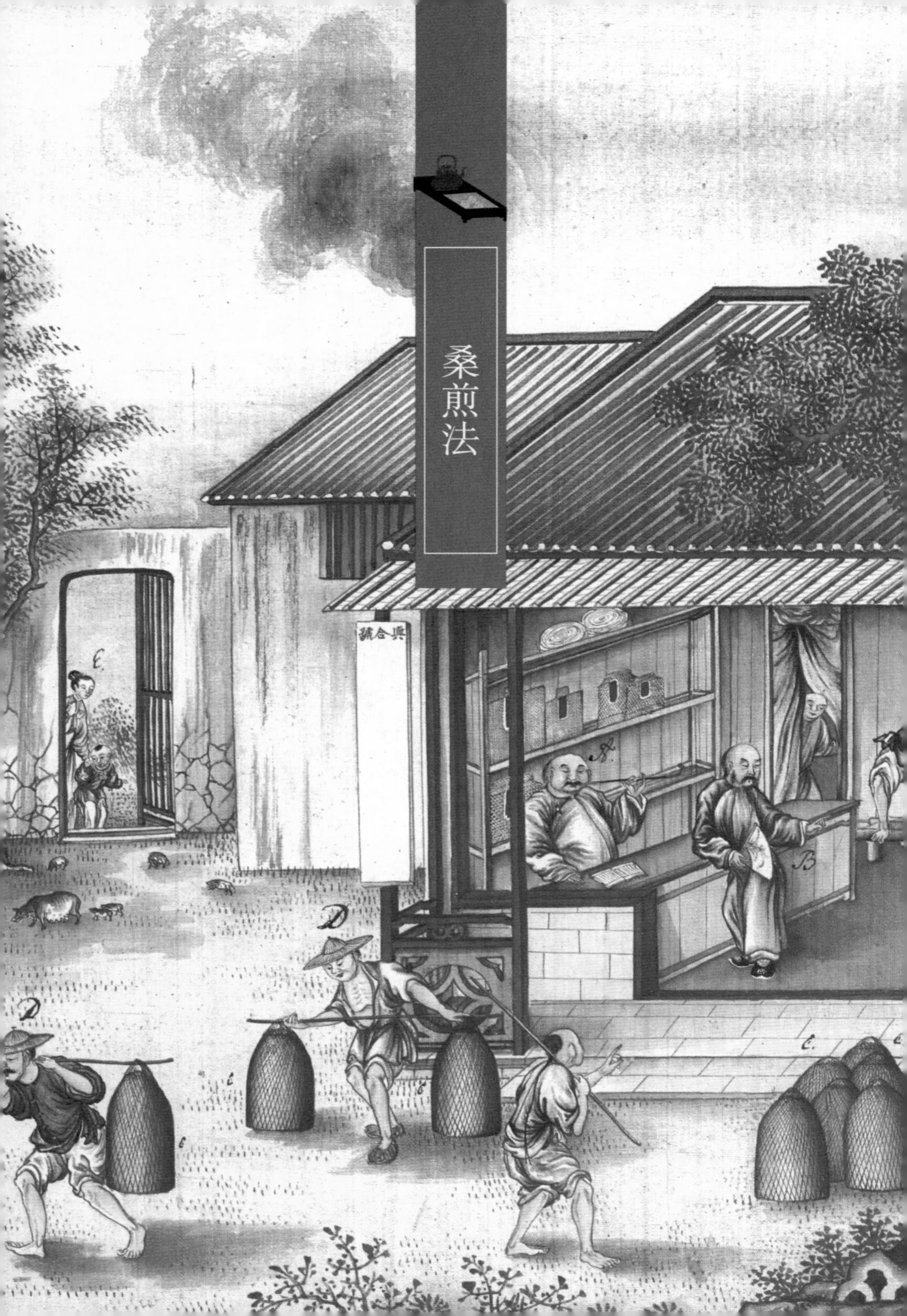

桑煎法

【原文】

一 桑煎法

桑枝二分许截，燥之，木角焦许，燥，可割置三升五升盛囊，久持弥可。临时水一升许，木半合[①]许，煎服。或虽不燥，煎服无失，生木复宜。

新渡医书[②]云：桑，水气、脚气、肺气、风气、痈气、遍体风痒干燥、四肢拘挛[③]、上气[④]眼晕、咳嗽口干等病皆治之，常服消食、利小便、轻身、聪明耳目。《仙经》[⑤]云：一切仙药，不得桑煎不服。就中饮水、不食、中风，最秘要也。

【注释】

① 合：中国古代市制容量单位，一升的十分之一。

② 新渡医书：指王焘（唐）《外台秘要》卷十八载：桑枝，平，不冷不热，可以常服。疗遍体风痒干燥、脚气风气、四肢拘挛、七气眼晕、肺气咳嗽，消食、利小便，久服轻悦耳目，令人光泽，兼疗口干。

③ 四肢拘挛：竹苞楼本作“物率”，应是“拘挛”形近讹误。

④ 上气：指气逆壅上的症候，如气喘咳嗽。按《外台秘要》古本作“七气”，指七情之气所伤的病症。

⑤ 《仙经》：《抱朴子》多援引《仙经》，但查传世诸本《抱朴子》，并无“一切仙药，不得桑煎不服”句。

【译文】

■桑煎法

将桑枝截成长度约为二分的小段，用火烘烤使之干燥，至桑枝木质边角处略显焦黄，这时就干燥了，可切割制作三升五升的量，用囊袋盛放备用，放的时间越长越好。用的时候，取水一升左右，桑枝半合左右，煎服。或者桑枝虽不干燥，煎服也没关系，用新鲜桑枝也可以。

新传来的医书说：桑，水气、脚气、肺气、风气、痈气、遍体风痒干燥、四肢拘挛、七气眼晕、咳嗽、口干等病都能治疗，经常服用可消食、通小便、轻身、使耳目聪明。《仙经》说：一切仙药，不得桑煎就不可服用。其中的饮水病、不食病、中风病，桑煎是对症秘方。

服桑木法

【原文】

一 服桑木法

锯截屑细，以五指撮之，投美酒饮，能治女人血气[1]，腹中万病，无不悉瘥。常服则得长寿无病。是仙术也，不可不信。

【注释】

① 血气：指血崩、血漏之类的妇科病。《本草纲目·木部·桑》："血露不绝，锯截桑根，取屑五指撮，以醇酒服之，日三服。（《肘后方》）"

【译文】

■服桑木法

将桑木锯成细屑，用五指取一撮，放到美酒中饮用，能治女人血崩、血漏之病，乃至腹内所有疾病，无不痊愈。经常服用可长寿不生病。这是仙术，不可不信。

含桑木法

【原文】

一含桑木法

削如齿木[1]，常含之，则口、舌、齿并无疾，口常香，魔不附近。善治口㖞[2]，世人所知。末代医术，何事如之。（用根，入土三尺者最好，土上颇有毒，土际亦有毒③，故皆用枝也。）

【注释】

① 齿木：指用来磨齿刮舌以除去口中污物的木片（杨枝），是佛教徒的日常用品，大乘比丘随身的十八物之一。

② 口㖞：嘴歪，即由于颜面神经麻痹，口角向另一侧歪斜的症状。

③ 土上颇有毒，土际亦有毒：《本草纲目·木部·桑》记载："古《本草》言：桑根见地上者名马领，有毒杀人。旁行出土者名伏蛇，亦有毒而治心痛。"

【译文】

■含桑木法

将桑木削成如齿木形状大小，经常放在口中含着，则口腔、舌头、牙齿都不会得病，而且口内常有香气，妖魔不敢靠近。这一方法对嘴歪之症很有疗效，是大家都知道的。末代的医术，哪里比得上这个！（荣西点评：如果用桑的根部，土层以下三尺处的桑根最好，因为土面桑根有毒，靠近土面的桑根也有毒，所以一般用桑枝。）

桑木枕法

【原文】

一桑木枕法

如箱造，用枕之，明目，无头风，不见恶梦，鬼魅不近，功能多矣。

【译文】

■桑木枕法

将桑木做成箱子的形状，用作枕头，可以明目，不患头风之病，不做噩梦，鬼魅不敢靠近，功能很多。

服桑叶法

【原文】

一 服桑叶法

四月初采，阴干。九月十月之交，三分之二已落，一分残枝，复采阴干。夏叶冬叶等分，以秤计之，抹如茶法服之[①]，腹中无疾，身心轻利。是仙术也。

【注释】

① 抹如茶法服之：《本草纲目·木部·桑》："《神仙服食方》：以四月桑茂盛时采叶。又十月霜后三分、二分已落时，一分在者，名神仙叶，即采取，与前叶同阴干，捣末，丸、散任服，或煎水代茶饮之。" 抹茶是用天然石磨碾磨成粉末状的、覆盖的、蒸青的绿茶，抹茶源于中国隋朝，兴起于唐朝，鼎盛于宋朝，现在日本还在流行此法。

【译文】

■服桑叶法

阴历四月初采集桑叶，阴干。九月十月之际，桑叶已落去三分之二，还有三分之一残留在树枝上，这时再采下来阴干。将夏天和冬天采的桑叶各取等量，用秤称好，磨粉合在一起像喝茶一样饮用，可使腹内不生病，身心轻松愉快。这是仙术。

服桑葚法

【原文】

一服桑葚法

熟时收之，日干为抹，以蜜丸桐子大，空心酒服四十丸，久服身轻无病。但日本桑力微耳。

【译文】

■服桑葚法

桑葚熟的时候采收，晒干后磨粉，做成桐子大小的蜜丸，空腹用酒送服四十丸，长期服用可致身体轻便不生病。但是日本的桑葚药力弱。

服高良姜法

【原文】

此药出于宋国高良郡[1]，唐土、高丽同贵重之。末世妙药也。治近岁万病有效。即细抹一钱，投酒服之，断酒人以汤又水粥米饮服之，或煎服之，多少早晚以效为期。每日服，则齿动痛、腰痛、肩痛、腹中万病、脚膝疼痛、一切骨痛，无不皆治。舍百药而唯服茶与高良姜则可无病。近年冷气，试治无违耳。

【注释】

① 高良郡：即高凉郡，宋代高凉郡治所在今广东省阳西县。

【译文】

此药产于宋朝的高凉郡，中国、高丽都很重视它。这是末世的妙药。治疗近年的各种疾病都有效。用高良姜磨成的细末一钱，放到酒中服用，不喝酒的可用热水或米粥、米汤送服，或者煎服，用量多少和时间长短，以见效为准。每日坚持服用，则齿松牙痛、腰痛、肩痛、腹中万病、脚膝疼痛、一切骨痛，无不可治。舍弃各种药物，只用服食茶和高良姜，就可不生病。近年寒气致病多见，尝试服高良姜法治疗无妨。

吃茶法

【原文】

方寸匙二三匙，多少随意，极热汤服之，但汤少为好，其亦随意，殊以浓为美。饮酒之后吃茶，则消食也。引饮之时，唯可吃茶饮桑汤，勿饮汤水。桑汤茶汤不饮，则生种种病。

【译文】

用一寸见方的汤匙盛二三匙茶叶，多少随意，用很热的水泡茶饮用，水少一点儿为好，随意也行，总之以浓为佳。饮酒之后喝茶，可以帮助消化。饮酒时，只能喝茶和桑汤，不要喝别的饮品。不喝桑汤茶水，则会生各种疾病。

服五香煎法

【原文】

一服五香煎[1]法

青木香一两，沉香一分，丁香二分，薰陆香一分，麝香少。右五种各别抹，抹后调和，每服一钱，沸汤饮之，以治心脏。万病起于心脏，五种皆其性——苦辛，是故妙也。

荣西昔在唐时，从天台山到四明[2]，时六月十日也，极热，气绝，于时有店主言曰：法师远来，多汗，恐发病也。乃取丁子一升，水一升半许，久煎为二合许，与荣西服之，其后身凉心快。是以知其大热之时能凉，大寒之时能温，此五种特有此德耳。

【注释】

① 五香煎：本书下卷“疮病”一节已考证，此处“五香煎”应该是“五香散”。

② 四明：竹苞楼本作“四州”。四明即浙江宁波别称，其地有四明山。

【译文】

■服五香散法

青木香一两，沉香一分，丁香二分，薰陆香一分，麝香少许。上面五种药材分别磨粉，然后混合在一起，每次取一钱，放入开水中服用，可治心病。各种病都起于心脏，而上面五种“香”药的性味（苦味、辛味）都符合心脏的喜好，因此可以妙用。

荣西昔日在中国时，曾从天台山去明州，当时正是阴历六月初十，天气极其炎热，荣西都快晕厥了，这时有位店老板对荣西说：法师从很远的地方来，出了很多汗，恐怕要生病了。于是店老板取来丁香一升，加水大约一升半，煮了很长时间，最后得大约二合的药汤，让荣西喝下，他喝后感觉身心清爽凉快。因此，荣西知道了服用五香散，大热的时候可以使人凉爽，大寒的时候可以让人温暖，这就是五种“香”药特有的功效。

下卷结束

【原文】

以上末世养生法，以得感应录之，皆于宋国有禀承也。

喫茶養生記卷下。

【译文】

以上末世养生之法，我据亲身感受记录下来，这些在中国都有传承。

《吃茶养生记》下卷结束。

跋
A.

【导读】这是本书的后记。别本《吃茶养生记》未见到这段文字，作者不明，从内容看，应为荣西同时代人所撰。

日本日常生活中的茶

中国茶经荣西禅师传到日本后，很快得到了发展，到十六世纪千利休集茶艺之大成，开创了日本“茶道”，形成了日本人独自的美学。特从铃木春信的浮世绘中选刊十几幅与茶有关的图画，可从中领略日本江户时代关于茶的应用。铃木春信（Suzuki Harunobu），日本江户时代浮世绘画家，本名穗积次郎兵卫，号长荣轩。致力于锦绘（即彩色版画）创作，以描绘茶室女侍、售货女郎和艺伎为多。铃木春信首创多色印刷版画，即红折绘，也就是在一张纸上运用多种颜色。

茶屋
［日］铃木春信 收藏于美国纽约大都会艺术博物馆
25.4 厘米 × 39.4 厘米

梦

［日］铃木春信　收藏于美国纽约大都会艺术博物馆

27.6厘米 × 20.6厘米

窥视

［日］铃木春信　收藏于美国纽约大都会艺术博物馆

28.3厘米 x 21厘米

茶屋的女子

［日］铃木春信　收藏于美国纽约大都会艺术博物馆

65.7 厘米 x 12.4 厘米

游戏的女子

[日]铃木春信 收藏于美国纽约大都会艺术博物馆

28.6厘米 x 21.9厘米

聊天

[日]铃木春信　收藏于美国纽约大都会艺术博物馆

18.6厘米 x 25.9厘米

玩游戏
[日]铃木春信　收藏于美国纽约大都会艺术博物馆
21.3厘米

春信画

下棋

[日]铃木春信　收藏于美国纽约大都会艺术博物馆

28.3厘米×20.6厘米

浅草西兰

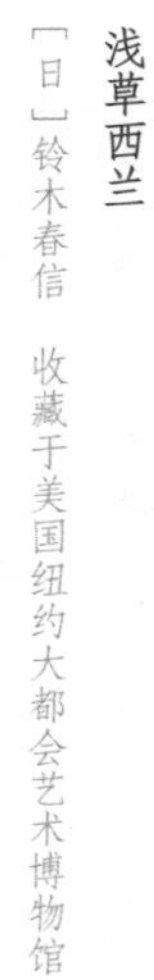

[日]铃木春信　收藏于美国纽约大都会艺术博物馆

27.3厘米 x 19.8厘米

武士

[日]铃木春信 收藏于美国纽约大都会艺术博物馆

27.3厘米 x 20厘米

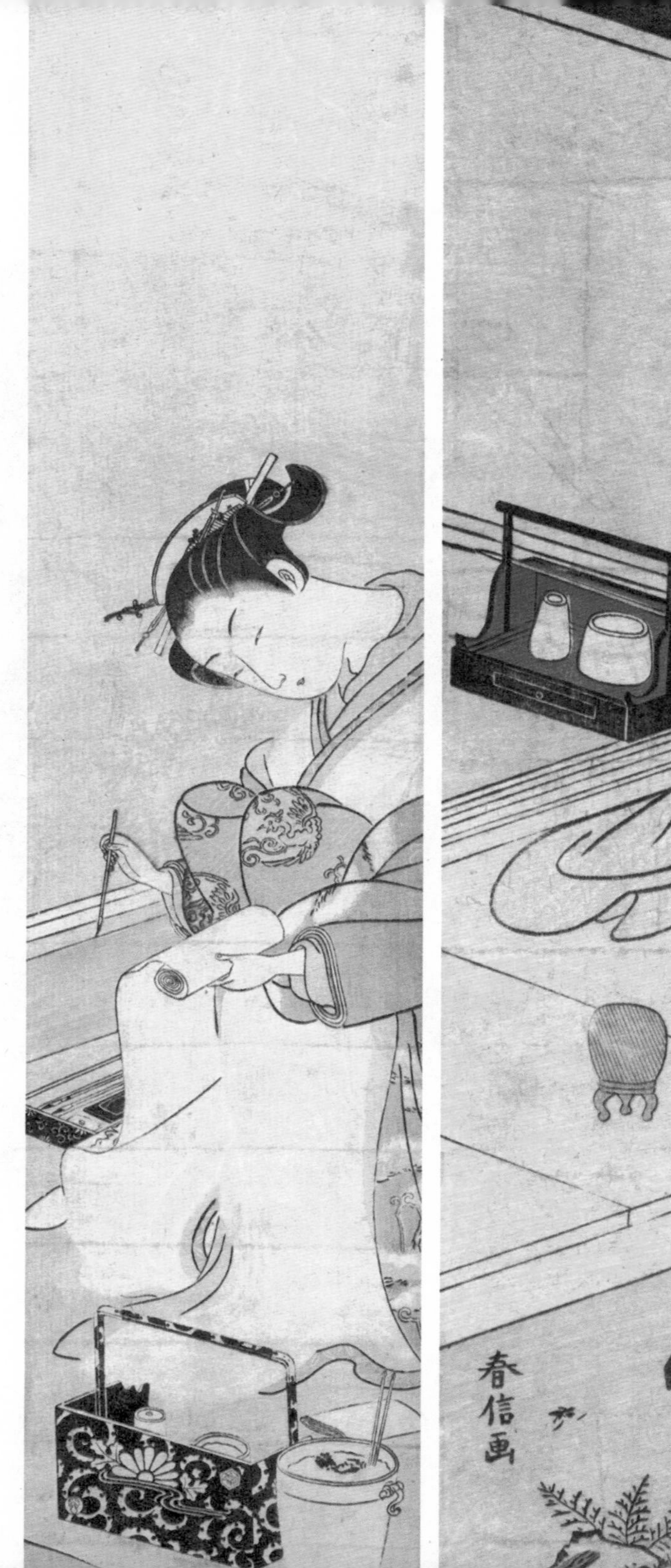

写信

［日］铃木春信　收藏于美国纽约大都会艺术博物馆

51.5厘米 x 11.4厘米

闲话

［日］铃木春信　收藏于美国纽约大都会艺术博物馆

26厘米 x 18.4厘米

月光下

［日］铃木春信　收藏于美国纽约大都会艺术博物馆

27.9厘米 x 20.3厘米

夜雨

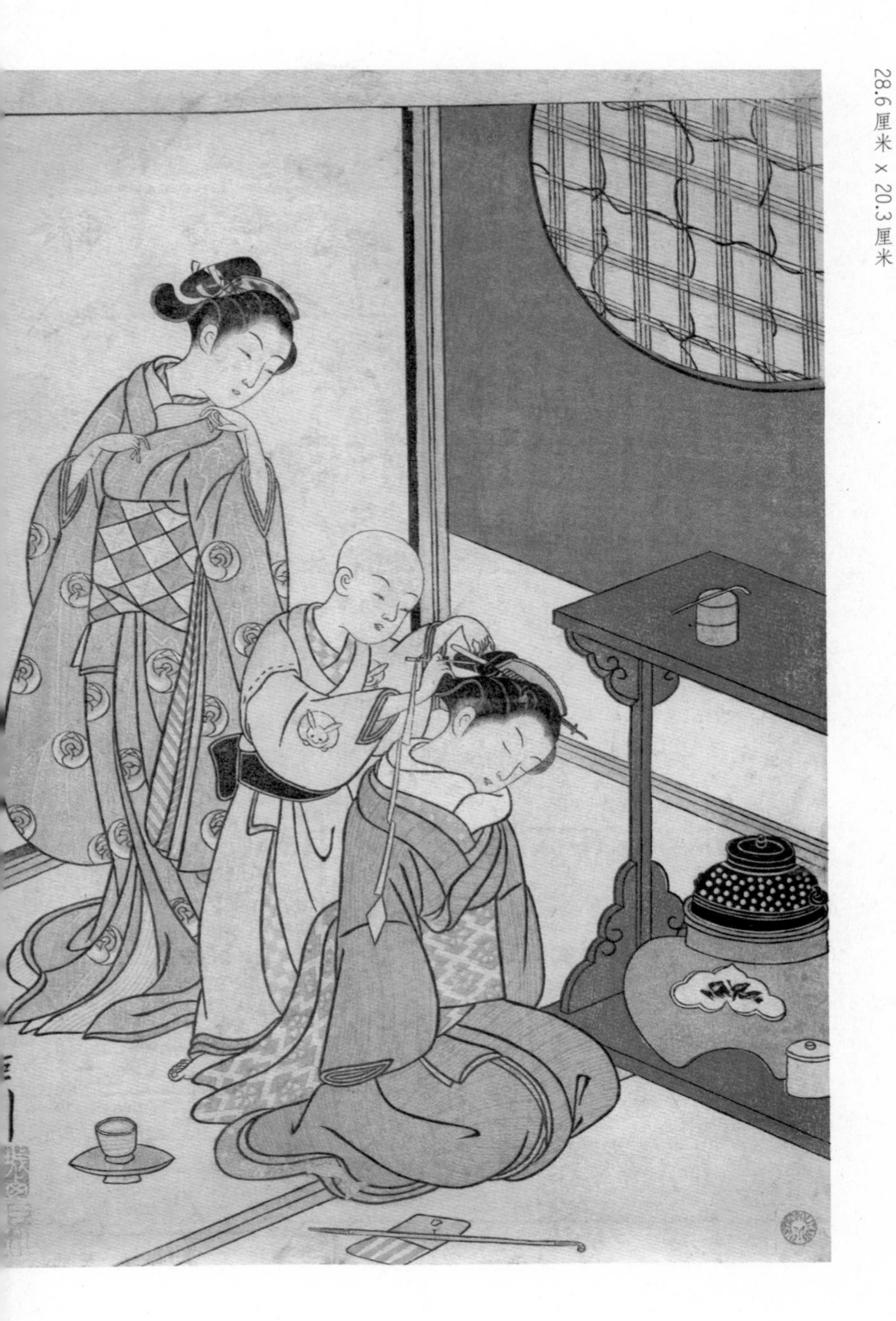

［日］铃木春信　收藏于美国纽约大都会艺术博物馆

28.6 厘米 x 20.3 厘米

【原文】

此记录后，闻之吃茶人瘦生病云云，此人不知己所迷，岂知药性自然用哉？复于何国何人吃茶生病哉？若无其证者，其发词空口引风，徒毁茶也，无半钱利。又云高良姜热物也云云，是谁人咬而生热哉？不知药性，不识病相，莫说长短矣！

凡称宇治茶[①]者，本出自建仁，荣西禅师本朝仁安三年[②]夏四月入南宋，发四明，登台岭，路经茶山，见其贵重之，而丕有药验。秋九月，归楫之日，遂赍持茗实数颗，移植之久世郡宇治县，以其地神灵肥饶，宛似建溪[③]、惠山[④]，有风水之利，故播殖之者欤。尔后国朝官民无大无小，无不珍爱之。近代嗜茶者，以宇治为第一，栂山[⑤]次之。且谚曰：至宇治，茶有清音[⑥]，余皆浊音也。有茶之别称曰无上，曰别义，曰极无，其余不遑枚举焉，奇哉！明庵[⑦]西公《吃茶养生记》明示末世病相，留赠后昆以要，令知是养生之仙药，有延龄之妙术也矣。于是乎跋。

【注释】

① 宇治茶：宇治即宇治县，属京都府久世郡，今日本有宇治市。宇治茶相传为梅尾高山寺的明惠上人栽培，是日本三大名茶之一，产于以宇治市为中心的京都南部地区。

② 仁安三年：仁安是日本的年号，仁安三年即 1168 年。

③ 建溪：中国福建省闽江的北源，由南浦溪、崇阳溪、松溪合流而成，流经武夷山茶区。宋代地属建州建安（今福建省南平市建瓯市），盛产茶叶，宋徽宗赵佶在《大观茶论》中评道："本朝之兴，岁修建溪之贡，龙凤团饼茶，名冠天下。""建溪之贡"即指建安北苑贡茶。宋代梅尧臣有诗作《建溪新茗》。

④ 惠山：在中国江苏省无锡市。惠山茶道历史悠久，唐代以来，无锡惠山寺石水就被《煎茶水记》《茶经》等著述列为煮茶泉水第二名，明代文徵明《惠山茶会图》、钱谷《惠山煮泉图》等传世艺术作品都是"天下第二泉"的佐证。

⑤ 梅山：即京都梅尾。相传荣西将茶籽赠给梅尾高山寺的明惠上人，种之于梅尾，后来明惠上人再将梅尾茶移植到宇治。

⑥ 清音：清越的声音。晋代左思《招隐诗》之一："非必有丝竹，山水有清音。" 唐代张文姬《沙上鹭》诗："沙头一水禽，鼓翼扬清音。"

⑦ 明庵：荣西禅师的字。荣西俗姓贺阳，字明庵，号叶上房。

【译文】

我记录下以上内容后，听到有人说吃茶能使人变瘦生病等，说这种话的人自己都分不清东南西北，怎么知道药性的自然妙用呢？又从哪国看到哪个人吃茶生病了呢？如果没有证据，乱发言辞，空穴来风，除了诋毁茶的声誉，没有半文钱好处。还听人说高良姜是热性之物等等，又是谁咬过它之后发热了啊？不知药物性味，不懂疾病症候，就不要信口雌黄了！

所谓“宇治茶”，实际来自京都建仁寺。荣西禅师在本朝仁安三年（1168年）夏四月渡海到南宋，从四明出发，登天台山山岭，路经茶山，看到当地人重视吃茶养生，而且大有药疗效果。秋九月，荣西坐船归国之际，带着几颗茶籽回到日本，后将茶籽移植到京都府久世郡宇治县。之所以选择这里播种，是因为宇治山水神灵、土地肥沃，非常像中国的建溪和惠山，风水很好。其后，日本的官员、民众，无论老少，无不珍爱吃茶。近代喜茶之人认为，“宇治茶”最好，其次是“栂尾茶”。而且谚语也说：到了宇治，喝茶才有欣赏“清音”的感觉，别处都是“浊音”。茶的别名有“无上”“别义”“极无”等，不胜枚举，真是稀奇啊！荣西禅师的《吃茶养生记》一书将末世的疾病症候都做了明示，将要诀都留给了后世，让人们明白茶是养生的仙药，吃茶是延年益寿的妙法。于是我写了这篇后记。

后记

中国有唐朝，唐朝有陆羽，陆羽有《茶经》；日本有中国宋朝遗风，同一时代有荣西，荣西有《吃茶养生记》。

大道至简，大医用茶。

受唐代日本遣唐使最澄禅师西渡“取经唐土”启蒙，精研陆羽《茶经》，两次从中国带回茶种的日本临济宗建仁寺派开山始祖荣西禅师被称为“日本茶祖”，《吃茶养生记》堪称“日本茶经”，与威廉·乌克斯《茶叶全书》并称世界经典茶书，直接启发了后世南浦绍明、村田珠光、武野绍鸥、千利休等“豪快茶人”以“抹茶道”、“煎茶道”与“佛门茶礼”传扬东方生活美学，更以养生、养心、养性之“三养”惠施顺其自然、吃茶康养的东方养生观。

吃茶养生，吃茶治病。放眼世界，只有这本成于宋代的古书，可与中国唐代的《茶经》并名，也只有这本集茶文化之大成的古书，能如此广受茶人佳评。感念在心，顺势而为，集成茶文化大观，喜乐盈途。

我注本书，本书亦注我。导读、校注、翻译、述评、图说荣西禅师《吃茶养生记》数年时间，我心若茶，仿佛刚从央视编导、获奖编辑、晚会导演、彝族诗人这些虚头巴脑的名利场中撤回来，重新长成无量山营茶世家的乡间少年，在翡翠般的山中采茶、制茶、贸茶，偶尔泡上一壶，静静地喝，很高级。云胡不喜！

本书首版于2015年4月上市，迄今八年整，尚“在市”，不容易。本版溯日本史书《吾妻镜》、黄遵宪《日本国志》源，增删数度，古书新出，彩图彩出，一期一会，一生一次。

致谢荣西老人，以及臧长风、张全海、侯素平、潘振宇、毕才伟、吴家良、秦正刚、陶莹、杨波、周重林、潘宏义、解方、杨恩富、李健明，卿成诸师友茶人，与我一起，就着册页茶香，享了一回人间的清福；人民东方、北京风物、昆明茶马司、普洱牧童蝉茶、丽江秋月堂、大理茗狮茶业，共襄盛举，复兴茶业，亦抵十年尘梦。

如是我闻。愿闻诸君。